INTRODUCTION

刘寿红

◆ 精细化管理、零事故—安全精细化管理研究者
◆ 原北京大学精细化管理研究中心特聘研究员
◆ 《现代班组》期刊特约撰稿人
◆ 北京博士德管理顾问有限公司高级管理顾问

2005年加入汪中求老师精细化管理团队，专业从事精细化管理、零事故—安全精细化管理的咨询、培训工作。多次赴日本就精细化管理、零事故—安全精细化管理与相关机构、同行交流、研讨。潜心设计的精细化生产管理、零事故—安全精细化管理训练课程，因其工具性、实用性，一经推出便风靡全国，普遍受到众多国有企业和民营企业的欢迎。作为项目组负责人或成员参与了多期企业安全咨询项目，收到了良好的改善、改进、提升效果。出版图书《零事故：安全精细化第一准则》《班组精细化管理》《车间精细化管理》《企业中层精细化管理》《高素质员工必备的35个好习惯》《三个月成为一流员工》。

零隐患零事故

安全事故预防手册

刘寿红

——

著

企业管理出版社

ENTERPRISE MANAGEMENT PUBLISHING HOUSE

图书在版编目（CIP）数据

零隐患　零事故：安全事故预防手册 / 刘寿红著
. -- 北京：企业管理出版社，2022.6
ISBN 978-7-5164-2613-5

Ⅰ．①零… Ⅱ．①刘… Ⅲ．①企业安全—安全事故—
事故预防—手册 Ⅳ．① X931-62

中国版本图书馆 CIP 数据核字（2022）第 076248 号

书　　　名：零隐患　零事故：安全事故预防手册
书　　　号：ISBN 978-7-5164-2613-5
作　　　者：刘寿红
策　　　划：朱新月
责 任 编 辑：尤　颖　曹伟涛
出 版 发 行：企业管理出版社
经　　　销：新华书店
地　　　址：北京市海淀区紫竹院南路 17 号　　邮　　编：100048
网　　　址：http://www.emph.cn　　　　　电子信箱：zbz159@vip.sina.com
电　　　话：编辑部（010）68487630　　　发行部（010）68701816
印　　　刷：河北宝昌佳彩印刷有限公司
版　　　次：2022 年 6 月第 1 版
印　　　次：2022 年 6 月第 2 次印刷
开　　　本：710mm × 1000mm　1/16
印　　　张：13 印张
字　　　数：145 千字
定　　　价：49.90 元

做一个安全意识与技能并重的
"高能"员工

　　最近一个词在网络上很火——高能员工，就是高效能员工，特指这样一类员工，工作很投入，很有成效，也很有正能量，能够带动伙伴们的工作热情。

　　要想成为一个高能员工，做好安全工作是底线，如果大小事故不断，那么怎么可能取得工作上的成效呢？对于一个员工来说，确保自己和同事的安全既是第一要务，又是工作底线。那么怎样才能守好底线，不出事故，做好安全工作呢？作为一名员工，必须同时具备安全意识和安全技能。

　　一个员工只有既具备安全意识，同时又具备安全技能才能真正实现作业中的安全。安全意识解决的是愿不愿安全、要不要安全的问题；安全技能解决的是会不会安全、能不能安全的问题。只有既"愿意"，又"能够"，才能真正做好安全工作。

　　按照安全意识和安全技能这两个维度可以把员工分为四类：第一类，非常安全——安全意识强，安全技能高，在企业当中这样的员工自然是越多越好；第二类，安全——安全意识很强，珍惜自己的生命，有做好安全工作的强烈意愿，但安全技能方面还有待提升，这样的员工因为安全意识很强，处处小心在意，很大程度上弥补了自己安全技能不足的缺陷；第三类，基本安全——安全作业的技能较高，但安全意识较弱，属于会做但有时就是不愿做，做不到位，这类员工稍不注意就会出现差错；第四类，不安全——安全意识和安全技能双双堪忧，这类员工如果再不具有忧患意识，再不提高技能，那么最终会害己害人。具体如图 1 所示。

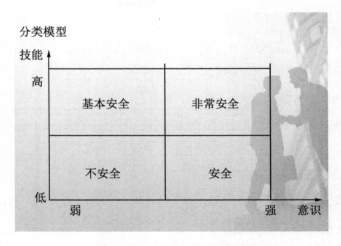

图 1　员工安全行为分类模型

为什么在这里反复强调员工的安全意识和技能呢？因为这事关企业、社会的安全全局。这里再强调一下海恩法则：每一起严重事故的背后，必然有 29 次轻微事故和 300 起未遂先兆以及 1000 起事故隐患。如图 2 所示。

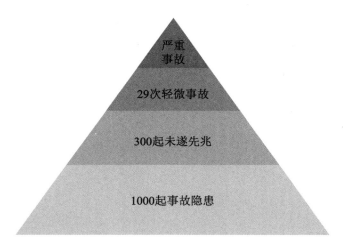

图2　海恩法则

　　在安全工作中，企业要强调安全意识与安全技能并重，安全意识和意愿优先于安全技能。以下是杜邦对企业安全发展不同阶段的划分，以及员工在不同阶段所表现出的安全行为特征（**安全意识与技能的综合体现**），供读者参者。

　　（1）听天由命，这是安全管理的最低级阶段，自然本能是这一阶段的关键词，员工头被砸破了，才想起戴安全帽；手被扎破了，才想到赶紧戴手套，私底下还认为事故是不可避免的，只是被动应付，不主观改进。

　　（2）不推不动，这是安全管理的发展阶段，害怕和纪律是这一阶段的关键词，安全管理依靠监督，遵章守纪需要考核。推一下才动一下，有些时候还是很不情愿地动。

　　（3）积极主动，这是安全管理的较高阶段，主动和自我是这一阶段的关键词，员工认为安全不是为别人，而是为自己、为家人。

自己安全自己管，依靠别人不保险。

（4）团队互动，这是安全管理的最高阶段，员工互助、个人价值和团队荣誉是这一阶段的关键词，每一个员工不光关心、关注自己的安全，也时刻紧盯同事们的安全和企业全局的安全。这是安全管理上的"人人为我，我为人人"，只有团队协作、互动互助，安全才有保障，企业长治久安的局面才能最终实现。

一个团队若有 1000 个员工，999 人安全，只有 1 人不安全，整个团队就意味着不安全，甚至是灾难。

这就是安全管理上的"1000−1=0"。

零事故管理的很多活动都是以团队形式开展的，其目的就在于此。

一个企业的安全文化建设绝不可能一蹴而就，需要管理人员和员工同心协力与长期不懈地努力。

据杜邦对国内企业的调研，绝大部分企业员工的安全意识和水平都处于第二阶段，即靠考核推动阶段。据杜邦的经验，只有当一个企业的安全文化建设达到第四阶段时，才有可能实现零伤害、零疾病、零事故的目标。怎样才能让员工的意识上台阶，达到理想的协作互动呢？基本条件就是每一个员工都既有安全意识又有安全技能。

企业在日常安全管理工作中，要通过日常安全管理工作的推进和日常安全教育、培训，实现员工从"要我安全"转变为"我要安全""我会安全""我能安全"。每一个员工都是安全管理主动自发的践行者。企业要实现从被动安全向主动安全的过渡。

安全意识与安全技能是安全这枚"硬币"的正反面，它们相辅相成，缺一不可。一名员工只有既有安全意识又具备安全技能；既有做好安全工作的意愿又具备做好安全工作的能力，才能最终在日常作业中做好安全工作。只有这样才能既保护好自己，又保护好同事，同时保护好企业。

所以，本书围绕意识篇和技能篇两个部分展开，详细阐述如何强化员工的安全意识和怎样不断提升员工的安全技能。

Contents | **目录**

导入篇 ●

意识篇 ●

导入篇

零 隐 患 ｜ 零 事 故

第一章

"零隐患、零事故"
不是梦想，更不是奢望

"零隐患、零事故"不是梦想，不是奢望，而是希望，是已经或即将实现的现实。

有这样一个案例。

曾有一位煤矿矿长向集团公司要死亡指标（过去常有百万吨死亡率的说法），集团公司董事长一听，当场就急了，拍着桌子质问道："你要死亡指标究竟想给谁？是给你还是给你兄弟？"不经意间这件事就像一阵风一样传遍集团公司，一度成为该公司的"头条"，在该公司广大干部职工中引起了强烈震动和反响。集团上下经过广泛深入的讨论，得出了这样的共识：干煤矿完全可以无死亡事故，管得好就能无死亡事故；真把职工当兄弟，就不该想着给他留死亡指标；事故是可防可控的，只要措施落实到位，不出事故就是完全可能的。

管理上多一点失误，生产中多一个事故。安全说到底就是管理问题。它决定于：管理人员的责任管理和员工的自我管理。员工的自我管理是零事故安全管理最直接的因素和抓手，员工是安全管理最直接的参与者，是搞好安全管理的第一责任人。

管理人员要"尊重"生命，员工应对生命"自重"。工作场所本身没有绝对的安全，人员的行为决定事故是否发生，管理最终决定人员的行为，这是一个自上而下的过程。

一、从"零"开始，向"零"迈进

在企业经营中，或是在大大小小、各级各类部门管理中，企业总是追求生产更多产品，销售更多产品，取得更多工作成果，创造更多财富，数字的增加意味着更多的利润、业绩与更高的成绩、荣誉、地位。然而，在安全管理领域，有越来越多的企业看重"零"，并把"零"作为追求的终极目标。

从"零"开始，向"零"迈进！

安全事故让企业损失财产，让管理者流泪，让员工流血，甚至失去生命。事故不是天灾，也不是人祸，因为没有一个管理者、一位员工愿意看到事故的发生，绝大多数是疏忽、侥幸。一个不小心，或麻痹大意，某一个管理环节上有细微的疏漏，后面紧随着的可能就是惨烈的灾难。

事故，虽然无处不在、无时不在，但它仅仅会缠住安全管理不精细的企业和员工。

事故，并不是不可避免的。

世界第三大产煤大国澳大利亚三四年无死亡事故是常事。不仅如此，很多大矿甚至连续三年都不发生轻伤事故。

我国兖矿集团下属的南屯煤矿也曾创造过近 3000 万吨，8 年零 3 个月无死亡事故的记录。

零事故管理通过一系列的手段，消除包括管理上和操作上的细微疏漏，通过零过失达成零事故的最终目标。

杜邦把安全目标确定为零伤害、零疾病、零事故。英国石油公司在它的 HSE 管理中确定了"六个零"的管理目标，其中核心的四个"零"是：死亡事故为零、损失事故为零、可记录事故为零和火灾事故为零。

越来越多的跨国企业不约而同地把安全目标锁定为"零"。

同样，国内也有越来越多的企业逐渐把零事故作为安全管理的最高追求。

这是从企业最高层到普通员工都孜孜以求的目标。

一次，我在国内某大型企业做内训，刚好是十二月底，这家企业一个二级单位一年之内无任何事故。岁末的那天晚上，没有领导号召，很多员工都自发地来到单位庆贺，并拎上自家最好吃的东西与大家分享，人声鼎沸，场面十分壮观，人人皆欢欣鼓舞！

没有发生任何事故是全体员工努力的结果，更是从管理层到普通员工都欣喜的一件事，没有事故就意味着一年之内都平平安安，全员从身体到财产均无任何损失。

这难道不是最值得庆贺的一件事情吗？

零事故是侥幸的偶然，还是可以通过上下同心努力实现的目标？

下面的案例给予了正面的回答！

事故案例

2009 年，英国 99 岁的老人乔治·格森以惊人的"84 年零事故"当选英国"最安全司机"。

他 15 岁时就考取驾照，一年后，他花了 2.5 英镑购买了自己的第一辆汽车——一辆蓝色的威利斯越野车。在随后长达 84 年的驾车生涯中，格森先后拥有过数十辆轿车和摩托车，驾车行程总计长达近 100 万英里（约合 160 万公里），却从来没收到过一张罚单或制造过任何车祸事故。

创造出如此骄人的成绩，他的安全诀窍却很简单：牢记"安全第一"的座右铭，小心翼翼地遵守交通法规。

这就像一位著名的日本安全管理专家说的那样，安全说复杂就复杂，说简单也简单，最重要的就是两点：穿戴好劳保用品和严守操作规程。

全球安全管理的标杆性企业杜邦有以下非常著名的十大安全理念。

（1）所有安全事故都可以预防；

（2）各级管理层对各自的安全直接负责；

（3）所有危险隐患都可以控制；

（4）安全是员工被雇佣的条件之一；

（5）员工必须接受严格的安全培训；

（6）各级主管必须进行安全审核；

（7）发现不安全因素必须立即纠正；

（8）工作外的安全和工作中的安全同样重要；

（9）良好的安全等于良好的业绩；

（10）员工是安全工作的关键。

这十大安全理念的核心就是"所有安全事故都可以预防"，即只要小心在意，任何事故皆可避免，至少从理论上是如此。

这被安全管理界奉为经典的十大安全理念一点也不复杂，更不难理解，那么为什么很多企业却做不到呢？这的确值得反思。

第四条"安全是员工被雇佣的条件之一"，我在和很多企业人力资源管理人员与安全管理人员探讨这个问题时，听到的一致声音都是"这一条在实际招聘工作中是不可行的"，在极短的招聘时间内，管理人员无法鉴别、评价一个人的安全意识和习惯。

企业完全可以在笔试、面试环节时做好一定的设计，比如相关的测试题与相关的交流等。某一件事情很难做，大抵的原因往往是不愿去尝试，或者不愿用心做。人们常说工作有三种境界：用力做事、用心做事、用命做事。这里的"用命做事"绝不是指以生命为代价去达成工作目标（**这也与本书零事故理念相悖**），而是指工作时全身心投入的状态，只有这种专心致志的状态才容易有效果，出成果。

如果某个员工屡出安全问题，并且屡教不改，企业完全可以通过规章制度去处理，最极端的就是开除（**不雇用**）。这其实也是实现上述第四条理念的一个主要途径：不换思想就换人。

"所有安全事故都可以预防"其实就是"零事故"。

这并不是一厢情愿的幻想，而是科学的结论，是杜邦在对从

1912 年以来发生的事件调查、统计、分析的基础上所得出的。

对这一问题，日本企业信奉"所有事故都是可以预防的"，他们更愿意相信它需要一个体系才能达成，不仅需要安全理念、零事故活动工具（三板斧）等"红花"打基础外，还要有质量控制活动（QC）、创造性问题解决方法（KJ 法）等"绿叶"相配才行。这里面有人们所常说的"人防""技防""制度防"。

安全管理的这"三防"中，"人防"是根本，"技防"为手段，"制度防"做兜底。

为什么这样说呢？因为设备是人操纵的，制度靠人来遵守，人是安全管理绝对的中心。

事故案例

一天早晨，一家大型精炼厂使用了 40 年的焦化装置发生了火车出轨事故，导致焦化装置的炉架从人行横道跨过铁轨倒下，并砸出了一个 1.5 米深的坑。

工人们马上在铁轨两侧的人行横道上设置了路障。由于焦化装置上的抽水机坏了，几小时后这一区域到处流淌着滚烫的热水。

不久，工厂轮班时间到了，刚进厂的员工并没有得到口头或告示提醒，告知焦化装置发生事故的情况，他们不知道在看似平静却非常热的水下面隐藏着一个被砸出的坑。三名员工需从这一区域直接穿过，当他们走到路障附近时，尽管都穿着及膝高的橡胶靴，看到水之后，还是有两名员工选择了绕行（安全意识高）。而另一名员工却不管不顾，径直跨越路障，在铁轨中间行进，随后掉进齐腰深滚烫的热水里，导致胸部以下严重烫伤。

一系列要素的综合作用导致了这一事件的发生。引发事故的是火车出轨和抽水机事故，这是不安全工作条件，是"物"的问题；随后就是一系列"人"的不安全行为了。

仅仅设置路障不能确保安全，应该还要有醒目的通知或留人值守；另一方面，受伤员工安全意识很低，面对未知情况时没有绕道而行，同伴们也没有提醒和制止。

这是一个链条，打破任何一个节点都能避免这次严重伤害事故的发生。在这个链条中最容易打破的节点还是人的行为，如一个通知，一个提醒，一个留守人员，不需要或仅需要少量成本。

在安全管理中"人"是最主要的，员工是安全工作的关键，"人防"是预防事故最根本的手段。

从美国、日本以及国内众多企业的安全生产管理实践来看，零事故绝不是遥不可及的梦，而是可以实践、可以实现的目标。

二、对零事故"评头论足"

零事故是目前最先进的安全管理体系，它认为"所有事故都是可以预防的"，只要上下一心，采取科学的安全管理方式，"零事故、零伤害"的目标完全可以实现。

（一）安全事故为零

企业最理想的状态是经过从"一把手"到普通员工的多方努力，在一个比较长的时期内不发生任何安全事故。

贵州电网有限责任公司安龙供电局截至 2020 年年初，已连续 10 年无安全事故。这些成绩的取得，凝聚着安龙供电人 10 年顽强的坚守，体现了全局上下同"违章、麻痹、不负责任"三大敌人作斗争的勇气和多路并进确保安全的决心，践行了公司一贯秉持的"一切事故都可以预防"的安全理念。

当然他们有很多很好的做法，可以用三句话来概括。

（1）作业规范化、流程化、表单化。

（2）危害辨识、风险评估到位。

（3）制度严格，强力监督。

（二）安全事故几乎为零

企业发生少量较轻微的事故，但伤害程度和事故所带来的损失都在社会、企业、员工和员工家庭可承受的范围之内。这是零事故最常见的表现形式。

事故案例

某外企某一年之内只发生一起非常小且不严重的安全事故：一个抽检女工在检查玻璃瓶时不小心划伤了一个手指。该企业安全管理部门没有漠视，而是对这次事故做了严肃认真的处理：做事故分析，找出事故根源，提出预防办法，采取措施从根本上解决。

这名女工检查的是一种玻璃瓶，原来的操作方式是可以用一只手，也可以用双手进行检查。这次事故发生后，企业规定必须用双手，而且方向朝外。

企业改变检查玻璃瓶的操作方法，修改作业指导书，这样就可以杜绝这类事故的再次发生。

其实受伤女工的操作方法是标准的，而且这家企业以前也从未发生过这种情况，这次只是个意外。不过为了预防事故，这家企业还是修改了操作规范。不但如此，这家企业还向国外的分公司通报了这起事故，提醒他们也做出调整。

从这件事上大家也可以看出，国外企业在安全管理上的细致和扎实。

（三）安全事故率在向零无限接近

通过"零事故"这个安全管理最有力的抓手，企业、部门、班组事故的发生率在逐渐降低，无限接近于零。

意识决定行动。有什么意识，就会有什么行为。

某煤矿断层多，采煤工作面落差大，地质构造复杂，运输环节繁多，安全管理难度之大可想而知。过去这个矿在安全方面动了不少脑筋，想了不少办法，取得了一定的成效，但不大不小的事故及"三违"现象仍屡有发生。

后来他们一步步从体系上构建安全管理机制。

1. 树立"一切事故都是可以预防和避免的"（零事故）的理念

他们坚信，尽管受技术条件和认识水平的制约，一些事故的发生还不能准确、准时预测，但是只要坚决遵循客观规律，坚决杜绝工作失误和管理缺陷，坚决实施超前预防和高可靠性预防，所有事故就是可以预防和避免的。

2. 用安全文化武装全体员工

从班前会上面对全家福的安全宣誓、月月安全直通车、每年一次的安全幸福家庭评选、对全员进行的"四五级"联动安全培训，到下井必经的图文并茂的安全文化宣传中心、井下安全文化大巷，再到工作面现场的"五位一体"安全确认、"手指口述"操作法，还有被全矿上下广泛传唱的《安全之歌》，无不传递着浓郁的安全文化信息，使安全文化理念深植于每一个人心中。

安全是干部最大的政治，是职工最大的福利，成了全矿干群的共识。

3．用制度来规范班组的行为

该矿结合实际，出台了《关于加强基层区队工班长管理的意见》《关于开展班组自主管理月活动的意见》《关于对优秀工班长、安全明星进行表彰的意见》《关于加强班组长安全生产建设的意见》等一系列独具特色的制度体系，明确了工班长的职责、权力、作用，确立了班组长在安全管理中的重要地位。

这些制度保证了班组长抓安全有责、有权、有利，激发了班组长、班组员工持久搞好安全管理的热情。

90%以上的事故都发生在班组，抓好了班组安全就等于抓好了全局。

通过这些举措，该矿安全事故数量大大降低，很多时候都接近于零。

这个矿面对严峻的安全形势所采取的卓有成效的措施可以用一句话来概括：确立"零事故"目标，坚定达到这个目标的信念（理念），事先为任何可能发生的事故做准备（方法），采取措施（工具），其目的只有一个，那就是杜绝任何事故的发生。

任何一个管理方式要想落地，必须是理念、方法、工具三位一体，这样所拟定的目标才能真正实现，才不会流于形式仅仅是一句口号！

这个矿的实践证明了只要企业有智慧地勇于追求，就一定会获得较满意的结果。

三、划分小目标，渐进实现

随着时代的进步与社会的发展，以及企业自身发展的要求与员工素质的提升，"零事故"安全管理理念已被社会广泛接受，在各行各业的安全管理实践中被证明是最有效的。

秉持零事故理念，向事故为零努力，事故率就会无限低，实现真正的零事故目标一定是指日可待的事！

事故案例

有一位禅师想到南普陀寺去朝拜，以实现自己多年的心愿。

寺院距离南普陀寺很远，不仅路途遥远，还要跋山涉水，更要时时防范野兽的攻击。

禅师启程之前，徒儿们都来劝阻禅师："路途遥远，有高山河流阻隔，师父还是打消这个念头吧！"

禅师很坚决地说:"老衲距南普陀寺仅有两步的距离,怎么说是遥遥无期呢?"

众徒的眼神中满是茫然。

禅师看着众徒道:"老衲先走一步,然后再走一步,这样就到达了。"

每个人都希望梦想成真,但成功却像天边的彩云,遥不可及,这时倦怠和不自信常常让我们怀疑自己的能力,最终放弃努力。

其实,我们无须想太多,想着当下要做的事,然后竭尽全力去完成就行了。就像故事中禅师那样,先走出一步,然后再走出一步,如此循环就一定能看到实实在在的效果,达到我们的目的!

怎样才能达到安全无事故的目标呢?

这需要企业高、中、基层步调一致地做出艰苦的努力!

企业或部门通常的做法是把长期目标划分成一个个短期目标,当这些短期目标一个个实现的时候,企业安全的大目标就自然水到渠成。

很多企业按照"零事故周""零事故月""零事故季度""零事故年"的计划循序渐进,这样一直坚持下来,就实现了当初想也不敢想的目标。

企业在这一过程中应该对员工采取一些激励措施,这样做有两方面的好处:一是给员工鼓鼓劲,激发大家搞好安全管理的热情!二是一种提醒,让员工时刻绷紧安全这根弦。

四、零事故管理的三大原则

（一）"零"的原则

1. 零事故应从"零"开始，向"零"迈进！

这句话怎样理解呢？

企业最高的追求就是不发生任何事故，"向零迈进"大家一听就明白，为什么说"从零开始"呢？

"零事故"的强大抓手就是不断发现风险、化解风险。"零事故活动"的"零"，不仅是指死亡事故、休工事故为零，更主要是发现、掌握所有工作现场和作业中潜藏的危险（问题），以及全体员工日常生活中潜藏的风险，并采取合适的措施化解这些风险，或把风险程度降低到目前情况下可接受的程度（**这种程度也可以理解为零**），通过这样的方式实现安全事故、职业病等在内的所有事故为零的目标。

管事故难度很大，控风险（隐患）才能确保安全。

这样一来就很容易理解了，只有从零（隐患）开始，才能最终实现事故为零的目标。

　　那么怎样才能发现隐藏在角落中的风险，进而采取措施把风险降到最低呢？

　　这不仅应有理念引导，还要有工具支撑。

　　某烯烃厂的 HSE 观察卡就是这样一种工具，如图 1-1 所示。

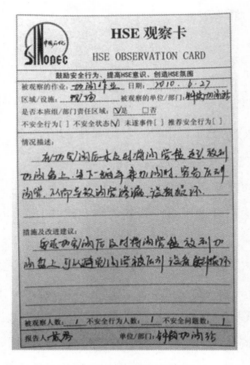

图 1-1　某烯烃厂 HSE 观察卡

　　HSE 观察卡是该厂"关注行为、安全互动"安全文化推广活动的一项重要举措。该活动推广不到半年，就收集了 2000 余张 HSE 观察卡，促使"物"的不安全状态得到有效治理，"人"的不安全行为大大降低。"我要安全、我会安全"成为每位员工的共识。

　　HSE 观察卡是一张小卡片，分量很轻，却是员工能够即时使用的有效工具，尤其是把它与信息系统连在一起的时候，更让这件"武器"如虎添翼。凡是能够推广且生命力持久的工具都有这样一个特点，那就是"小""巧""精"。

　　烯烃厂局域网的问题管理系统有一个 HSE 观察栏，其中一个条目是仪表车间 DCS 班填写的一张观察记录：2020 年 1 月 5 日8:45，裂解主控室工艺人员反映电脑系统噪音较大，检查发现是显示器除尘降温风扇故障，立即到库房领取备件，更新除尘降温风扇，消除了设备不安全状态。

　　另一条是苯酐车间操作工填写的观察卡：2020 年 11 月 19 日10:30，发现分析操作工现场采样时将防毒面具挂在脖子上，及时提醒，分析操作工表示感谢后戴好防毒面具。

　　企业开展安全管理工作，不能仅仅板着面孔说教，必须有工具和载体，这样员工才容易上手操作，不至于流于形式，上面案例中的 HSE 观察卡就是这样的工具和载体。

　　2. "零"是持之以恒的追求

　　安全生产观念向"零"转换是"零事故活动"的出发点，立足于这个起点，全员才能通过不断努力和协作，一步一步向"零"前进。

　　在这个过程中不仅需要"坚持"，还需要"方法"。

　　零事故体系就是确保不发生任何事故的决心和意志，以及相应的措施、办法。比如某煤矿董事长就说过这样一句掷地有声的话语："不要一两带血的煤！"这句话既显示了他抓安全的决心，又一下子让他与 16 万员工的心紧紧贴在了一起。

该矿安全部门把"零事故理念"细化为三句话：安全工作零起点，执行制度零距离，出了事故零效益。这三句话都比较容易理解，值得我们借鉴的是他们为这些观念能真正深入人心所付出的努力和所采取的具体方法。

为使"零事故理念"入目、入脑、入心，该矿对员工进行持续不断的引导、教育，除了标语、宣传栏、广播、班前班后会等日常工作形式，还在一线员工中广泛开展写"零事故安全理念"心得体会活动，员工要写好一篇体会，必然要查资料，与同伴们沟通交流，这样一来管理的目的就自然达成了。

该矿女工较多，安全管理部门与工会共同推出了一些举措助力安全管理。

他们结合女性细致、耐心的特点，充分发挥女职工的"半边天"作用，搞好安全协管工作。比如组织女工为一线职工拆洗、缝补衣物和被褥，给员工创造一个舒适的工作环境；开展多种形式的"三违"帮教，到宿舍、到家庭，直至违规员工彻底转化等。

这些举动看起来都是小事情，但安全管理成与败却往往决定于这些琐碎的工作。这些小事情做到位了，员工们心气儿顺了，安全工作就有了坚实的基础。

这些事情人人都知道，但知道与做到不一样，更与做好相差一大截！

在这个过程中坚持、不懈怠、不退缩，向着目标持续不断地努力是取得最终胜利的根本法宝。

3. 荷花池的谜题

有一片荷花池，第一天的时候只有 1 片荷叶，以后每天荷叶的数量成倍数增长，第二天 2 片，第三天 4 片，第四天 8 片……假如在第 30 天时荷叶盖满整个池塘，那么请问：在第几天，荷叶才盖满池塘的一半？

你可能回答，第 15 天，第 20 天，结果都不对。

正确答案是第 29 天。这就是水滴石穿、日积月累所取得的最终成果。

员工在日常安全管理工作中所设定的每一个目标、做的每一项活动都像这片荷花池，每天重复做着一件件普通平常的工作，时常会感到乏味甚至厌倦，可能在第 6 天、第 27 天甚至第 29 天的时候放弃了当初的追求与初心，殊不知这时却往往离目标只有一步之遥。有些时候取得成功靠的不是聪明、不是运气，而是坚持。所以，不必急于求成，不必去渴求立竿见影的效果，只要每天能够比前一天进步一点点、得到些微改善，且一直朝着既定的方向坚持地做下去，所设定的工作目标就一定会实现。

（二）"事前预知预防"原则

企业为了最终实现零事故、零伤害的目标，打造安全、活泼、明快的工作岗位，必须在作业前发现、解决作业现场问题以及员工日常活动中潜藏的所有危险（问题），从而预防和杜绝事故与灾害的发生。"零事故活动"的本质是关注极轻微伤害、未遂事故、事故隐患等所有危险信息，构建从上到下全员共同积极发现、判断和消除这些危险因素的"预防型安全文化"。这里要着重强调的是全员参与和全员发现才能确保安全。

发现了风险（预知）怎么办？采取措施不让风险变成事故（预防）。

中海壳牌石油化工有限公司有一个比较成熟的风险管理工具叫作安全屏障法，就是在风险和不良结果之间设置一道屏障，阻止安全问题的产生。

比如说在高处作业有坠落的风险，那么怎样去控制呢？这个时候就要使用安全带、安全网等。有了这些安全屏障，从高处坠落造成伤害的现象就不会发生，大家都不愿看到的结果就不会出现。

安全屏障法要搞清楚这样几个问题。

（1）需要哪些安全屏障去控制具体威胁。

（2）目前是否具备这些条件。

（3）当某一项安全屏障目前不具备条件实现时，应采取什么措施以提供相同等级的保护。

（4）出现错误时，需在哪里进行干预。

（5）所有相关的员工在维护安全屏障中的具体职责是什么。

事前预知预防有时还需要"小题大做"。

我们以英国石油公司某分公司对安全带的使用管理为例：专门下发了关于使用安全带的专项文件，在公司网站上开设了"安全带"专栏，开展了一系列形式多样的员工安全带使用活动等。

（三）"全员参加"的原则

"零事故活动"的"全员参加"概念很广，牵扯的人员众多，主要指企业最高领导层、各级管理人员、专业安全人员、基层员工、承包商、供应商、员工家庭成员等所有与安全相关的人员。通过这

导入篇　　　第一章　"零隐患、零事故"不是梦想，更不是奢望　　023

些人的协作，分别从各自的岗位和立场出发，各负其责、各司其职，自主地发现、避免和解决现场与作业中的所有潜藏危险（问题），规避安全事故的发生。

1."一把手"的态度是决定性的

在一个企业中，从上到下各个级别、各个部门的"一把手"（一直到班组长）对待安全的态度是至关重要的，尤其是企业"一把手"更是起决定性的作用。只有各层级"一把手"高度重视，并亲力亲为地实践，下属才会真正重视，并付诸行动。

"一把手"一定要做一个"有感领导"，"有感领导"，就是要让员工时刻感受到领导对安全的重视。

做好一个"有感领导"，最基本的要求就是"会上表态度""会下见行动"字面意思很好理解，在工作中实实在在做却不容易。比如必须加班才能完工，而过多的加班会导致员工疲惫，容易产生安全问题。这两者摆在管理者面前时，需要合理取舍、平衡。

2.基层员工的意识是关键的

不言而喻，基层员工的安全意识是极其重要的，其核心只有两点：一是"我要安全"，有安全意愿；二是"我会安全"，有安全的能力。在很多企业，有相当一部分员工在这两方面有所欠缺，直接导致了大大小小的事故接二连三地发生。

2019年2月10日凌晨六点左右，江苏某建设公司在南京城东做管道清疏作业，某工人下井排除水泵故障，疑被沼气熏倒，现场监护人员潘某、徐某相继下井施救，均被熏倒。后虽经全力施救，但因中毒较深，三名员工抢救无效，当场死亡。

事故发生以后，各方面给出了很多说法。

管理方说井下作业的员工都经过岗前培训，熟知相关操作规程，但施工中未按规程操作，没有按通风许可时间进行作业……

安监部门相关人员说，春、夏季是有限空间（**空间相对密闭且狭小**）作业最容易发生危险的时期，已经反复要求各单位作业时一定要先检测、再审批、后作业……

职前的岗位培训和相关部门的规定从来就不缺，但为什么一线工人的安全还是不能得到保障呢？

原因当然有很多，最重要的只有一点：这些作业人员缺乏保护自己的意识和能力。安全培训并没能入脑入心，就像一阵风，刮过就无影无踪。

企业可能想当然地认为这些工人对安全操作标准完全掌握了。

其实很多时候他们是真的还不懂，不懂什么情况下井下沼气浓度太高，怎样去规避这些危险的发生。在这些事情上是不可能让员工慢慢去摸索经验的，所有的经验都是用鲜血甚至生命换来的。还有一点是侥幸心理，为了快点干活，为了多赚些钱，一线员工往往站在"高压线"上作业，"明知山有虎，偏向虎山行"。这种情况下，安全事故一旦发生，就是非常严重的伤害，就会带来十分严重的后果。

怎样才能让每一位员工都掌握必需的安全常识呢？一定量的宣传和普及是必要、必需的。采用图文并茂的文章和短视频等方式员工较容易接受。企业常常说安全教育要入脑入心，形式好也是一个关键点。员工爱看，才容易认准、看清、记得牢。

广大一线员工安全意识和技能的培养和提升，是企业开展零事故管理首当其冲也是最重要的工作之一。

3. 员工家庭成员的观念是坚强的后盾

员工穿上工装是职业人，脱下工装就是社会人。

员工的情绪、心态受到多种多样工作之外的因素影响，又与工作时的心境息息相关，而最终这一切都与安全有密不可分的联系。

众所周知，在诸多影响因素中家庭因素是第一位的。

如果员工情绪恶劣，不仅自己分心走神，还会造成情绪污染，影响同事们的心情，破坏整体安全生产氛围。

事故案例

有位电网公司外线电工，一上班就拉长个脸，凶巴巴的，好像谁欠了他钱似的。

班长问他："是不是不舒服？如果身体不舒服，就休息一下，不要到线上去了。"

他把眼一瞪："谁说我不舒服了？你才不舒服呢！"

班长看他没有大碍，也就不再说什么了。

在爬电线杆时，他没有系好安全带，从电线杆上摔了下来。

同事们七手八脚把他送到医院后，班长赶忙给他妻子打电话，刚说"你丈夫住院了……"

电话里就传来了一个火气很大的女人的声音："他是死是活和我没关系！"然后电话就挂断了。

众人都很诧异，这女人怎么能说出这样的话？

过了一小会儿，班长的手机响了，是那个女人打来的："是真是假，是不是他让你们骗我的？"

班长告诉她，她丈夫是在登杆时摔伤了，刚刚送到医院。

"怎么会……都怪我呀……"电话那头传来女人的抽噎声。

　　教育、引导员工家庭成员注意职工的衣食住行，尤其是不要过分刺激员工，让员工保持一个好的心情对安全是至关重要的。

　　很多企业还有更高明的做法：直接把员工家属纳入安全生产管理体系中来，比如聘为安全协管员等。

　　有了这个头衔，家属们都按照新的标准要求自己。自己不是局外人，做的是协助工作，承担着义不容辞的职责。一家企业在安全"必知必会"培训期间，很多家属把"必知必会"的答题内容写在纸上，挂在门口醒目的地方，随时提问家中的员工，自觉当家庭教师，让员工尽快学会"必知必会"内容，达到安全培训要求。

　　如果把零事故安全管理比作一场战役，那么广大人员的参与是取得胜利不可或缺的前提，其中家属们更是居首要位置！

通过本章的学习我收获了以下几点。

1. _____

   _____

2. _____

   _____

3. _____

   _____

4. _____

   _____

经过对比，我们企业、班组、岗位目前安全工作中还存在以下几点不足。

1. _____

   _____

2. _____

   _____

3. _____

   _____

在现有条件下，我们立即能做好的是以下几点。

1. _____

   _____

2. _____

意识篇

零 隐 患 ｜ 零 事 故

第二章

安全不仅是员工的义务，还是权益

一、为自己、为同事，
员工要维护在安全方面的权益

按照安全相关法律规定，员工拥有以下安全方面的权利。

（1）有权知晓、了解现场危害健康的危险因素、防范措施和事故应急措施。

员工每天在工作现场要做的第一件事是了解和掌握现场的各种危险因素，及防范措施是否到位，要做到"不安全不开工"，确保作业安全。这件事事关自己和同事的人身安全，同时关系到各自背后的家庭，一丝一毫都马虎不得。这是员工的权益和切身利益，员工身在作业现场，直接面对危险，是安全作业的第一责任人。

事故案例

2021 年 5 月 15 日，四川南充高坪区 3 名工人打开下水道井盖后进入下水道开展相关作业时气体中毒，其中 2 人不幸身亡，事件发生后，当地相关部门及时赶到现场开展相关救援工作。

　　事故发生的最主要原因是作业人员到现场后没有严格按照有限空间作业规程规范作业，不具备有限空间作业的常识和技能，如图 2-1 所示。

图 2-1　有限空间作业常识

类似这样的有限空间作业发生安全问题的事例每年都在重复发生，企业和员工应该反思和警醒。

（2）有对安全管理中的问题提出批评、检举、控告的权利。

如果安全条件不达标，安全设施不合格、不到位，那么员工作为当事人要站在维护自己权利的立场上提出批评和整改的建议，而不是视若无睹，见怪不怪。

农民工窦师傅在某视频平台上传了一段名为"一线工人安全帽"的短视频。视频中，他手持两个安全帽并介绍说，黄色的是一线工人的安全帽，红色的是领导的安全帽，说完将两个安全帽相撞。现场演示结果显示，当两个安全帽猛烈碰撞后，黄色安全帽顶部直接被砸碎，红色的却完好无损。

窦师傅作为一名农民工维权意识很强，他懂得利用网络维护自己和同事的合法权利，与偷工减料和安全违规行为做斗争。

（3）遇到紧急情况有即时撤离的权利。

（4）当有威胁生命安全的状况时，有权拒绝进入现场施工作业。

（5）有获得工伤社会保险和赔偿的权利等。

二、为了家庭的幸福和睦，
员工要履行好在安全上的义务

权利和义务从来都是对等的，没有无义务的权利，也不存在没有权利的义务，作为员工应履行以下的义务。

（1）遵章守纪，服从管理。

安全制度都是用血和泪写成的，每一条制度背后都有若干个大大小小的安全事故。为了自身的利益和同事的人身安全，遵章守纪其实只是对一个员工的最基本要求。但由于种种原因，这个看起来似乎很简单就能做到的事情却屡屡出现不到位、纰漏和差错。制度不能被很好地执行的一个很主要的原因就是人的顽疾：麻痹大意、意识恍惚、侥幸心理、捷径心理等，这在一定程度上很难根除。这些是干扰安全制度执行的一个主要因素，如何克服呢？企业员工可以通过以下三种方式来解决：一是主动接受安全教育，教育可以让员工更加清醒、更加成熟、更加理性，员工接受教育后违章的可能性就会大大降低。二是主动积极参加零事故活动，如健康确认、危险预知、手指口述、风险预控卡等（**本书的第六章对这些活动有详**

细的介绍）。通过参与这些活动，可以让员工时刻拥有警醒和清醒的头脑，对风险始终保持高度敏感和戒备，会发自内心地认识到安全不是上级"要求我做"，而是出于自我保护的本能，发自内心地去做，"要求做"和"主动做"在安全的效果上差别很大。三是员工在作业时一定要严守制度，严格按照规范标准，一步不少，一步不缺，做好规定动作，然后结合现场实际情况适当增加一些必要的自选动作，以确保 100% 的安全。任何作业程序和规章制度都不能绝对保证尽善尽美，绝对适合所有的作业现场情况，在作业中要根据情况灵活对规章制度补位。作业中为了确保安全，员工要做"加法"，比现有安全制度、作业程序做得更加到位一些。

（2）出入现场必须配合门卫人员检查，主动出示出入证。

这一条也是确保安全的手段。在安全管理上，员工要织牢、织密安全的"防护网"，堵住可能出现的各种漏洞。这一项规定有两方面的作用：一是不让无关人员进入，允许非施工作业人员随意进入现场会带来很多安全上的隐患，比如因不熟悉现场的安全规定和安全设施而做出的一些不符合安全管理规定的举动，给人员自身带来伤害或危害到正在作业的人员等；二是门卫人员查看员工出入证，除了禁止闲杂人员进入作业现场外，还可以统计进入现场的员工人数和身份。一旦生产现场发生重大事故，可以在组织现场作业人员撤离时能够确认人员是否已经全部离场。现在很多企业都在作业现场利用门禁系统管控员工的出入，采用刷卡或刷脸进出现场的方式，使得这一规定执行得更加便捷，更加到位。在安全管理上我们提倡"三防"：人防、技防、制度防，"技防"是科技赋能安全管理的典型表现。

（3）主动接受安全教育、培训、考核。

很多员工眼里和心中往往只有工作和工作后的待遇，殊不知安全才是自身最大的保障。因安全事故受伤或失去生命，用多少钱也不能够弥补。安全方面的教育与培训是员工提高安全站位和增长安全作业技能的一个非常重要的方式与途径。每一个员工都要本着为了自己和企业的利益，主动参与安全培训，主动对标反思自己的不足，不断提升自己做好安全工作的能力。

这一事关全局安全的工作在很多企业却开展得很艰难，根据我多年的咨询和培训经验，总结原因如下。

① 培训占用员工休息时间，员工有抵触情绪。

② 培训占用工作时间，员工不愿意。

③ 培训需要一定的文化，而很多一线员工文化水平不高。

④ 部分民营企业员工的流动性特别大，没有长久思想，因而没有培训意愿。

⑤ 培训内容空洞，培训形式枯燥等。

其实有这些问题是正常的，管理水平其实是在不断解决问题的进程中得到提升的。有的企业把员工参加安全培训的场次和时长换算成积分，积分可以兑换日常生活用品，激励员工积极参加培训；有的企业提升员工培训的环境，由露天变为空调会堂，让员工的安全培训与工间修养合二为一等。不管企业在安全培训上目前处于一种什么样的情形和状况，作为一名员工，出于对自己负责，一定要确保安全培训入脑又入心，因为安全培训不是为企业，更不是为别人，100%是为自己。

（4）自觉学习职业健康安全知识、技能和相关规程并遵照执行。

这要求每一个员工都应该成为自我管理、自我学习的主体，在安全管理上要成为"自驱动"型的员工。员工只有熟练掌握岗位相关的安全作业知识和技能，才能够真正地做好安全工作。若没有相关安全知识和技能的武装，即使员工愿意做好安全工作，也不会做，更做不到位。"安全相关规程"更是为企业安全稳定大局保驾护航的高效手段，企业全员只有严格按照安全规程进行作业活动，才能真正做到确保安全。

（5）严格按照要求保养、使用安全防护用品用具，发现失效及时更换或送修。

安全防护用品是零事故安全管理的最后一道防线，有了它的保护，即使发生了事故，员工也有可能化险为夷。员工要把劳保用品保养好，在使用这些用品时要按照要求规范佩戴到位，互相监督，有异常时互相提醒一下。只有这样，这些保护用品才能起到切实的保护作用。

（6）在现场必须顾及他人的职业健康安全。

很多现场工作环境复杂多变，单靠一个人去搞好安全有些时候难免会遗漏，只有员工之间相互配合、团队协作才能搞好安全管理。只有这样做，才能真正形成齐抓共管的安全氛围，安全工作才会有源源不断的内生动力。

（7）积极保护事故现场，参加现场抢救和事故调查。

有些企业在相当长的时间内能够真正做到安全生产，实现真正意义上的零事故；还有一部分企业通过内外联动，上下同心，安全事故相比过去已经大大减少，在向着零事故安全管理的目标迈进。

万一不幸发生事故，现场员工要积极作为，在确保自身安全的情况下主动配合保护好事故现场，并在可能的情况下积极地参加施救工作，以帮助企业减少在人员和财产上的损失。事故结束后，现场员工要配合进行事故原因、责任等的调查，因为他们提供的信息是判断事故原因、划定责任的第一手资料和依据。事故后的调查和处置很重要，可以帮助企业做到举一反三，规避同类事故的再次发生。

三、搞好安全工作，员工是最大受益者

做好企业的安全工作，员工不仅是受益者，比较起来还是最大的受益者。

做好企业的安全工作，员工和企业都受益很多，谁受益最大呢？这是一笔很难算清的账，我们反过来算一下，如果发生事故，企业和员工谁的损失最大？

假如某企业发生了一起事故，造成 1 名员工死亡，那么对企业造成的损失有多大呢？从伤害损失程度上来说这仅仅是个一般事故，而对这位因事故失去生命的员工而言损失可谓巨大：这位员工失去了生命，对该员工的家庭而言，失去的是一个"顶梁柱"，一个家庭有可能因此而垮塌。企业失去一个员工，会承受经济损失，会受到处罚，但事故过后会很快找到人来替补岗位。而对于员工本人以及他背后的家庭，则一定是永远失去亲人，永远无法弥补损失和伤害。经过这样一番比较，我们可以得出结论：员工是做好企业安全工作的最大受益者。

通过本章的学习我收获了以下几点。

1. _____

_____

2. _____

_____

3. _____

_____

4. _____

_____

经过对比，我们企业、班组、岗位目前安全工作中还存在以下几点不足。

1. _____

_____

2. _____

_____

3. _____

_____

在现有条件下，我们立即能做好的是以下几点。

1. _____

_____

2. _____

_____

第三章

做一个"五好"员工，一辈子决不违章

一、"一辈子决不违章"决不能
只是一句口号——说到更要做到

零事故班组长白国周曾经自豪地说过这样一句话:"我这辈子决不违章。"后来他又进一步说道:"同时我也不让我身边的同事违章。"他不光是这样说的,更主要的是他一直都是这样做的,真的可以说是"说到做到"。他认为抓安全的关键是抓预防。抓安全工作不能"事后诸葛亮",最重要的是要从预防着手,把不安全的因素消灭在萌芽状态。

事故案例

一年夏天麦收期间,一个员工上午刚刚在农村家中收割完小麦,下午急忙匆匆赶回了矿上,这位员工那个月只差一个班就可以拿到保勤奖了。这个班若上不了,非但拿不到奖金,还要倒扣一笔钱。在开班前会时,白国周看到这位员工哈欠不断,精神状态不佳，仔细询问情况，白国周在了解缘由后就对这位员工说："你太疲劳了，精神状态不好，应该先回去休息，等明天养好了精神再来上班。"这时那位员工用恳求的目光看着白国周说："班长，咱们来到矿上不就是为了挣俩辛苦钱嘛。我家在农村，情况您是知道的，这五六百块对于我的家庭来说可不是一个小数目呀，你就通融一下让我上这个班吧。我保证在作业时小心在意，绝不会出事。"但白国周坚决地说："钱挣得再多，丢掉了安全有什么用，这个班我绝对不同意你上！"白班长的这一决定让这位员工少拿了一笔不少的钱，为这件事这位员工心里不舒服很久，好长时间都不和白国周打招呼。白国周后来在聊天时说，看到在一个锅里吃饭亲如手足的员工因为自己在安全上的严格管理而损失了五六百块钱，心里也很不好受。但白国周一点也不后悔，因为在井下作业多年的他深知，精神状态不好是个大隐患，一不留神就会出事故，再高的责任心也抗拒不了生理疲劳现象。与安全和生命相比，其他的都是微不足道的小事，别说几百块，即使再多的钱，也换不来一个家庭的幸福，买不来一个员工的生命。

说到"五好"员工，指的是哪"五好"呢？每个公司的版本都不一样，我把各公司的版本综合一下，归纳大致如下。

第一好，思想品德好：为人诚实，讲究信用，处事公道，依法办事，热爱集体，尊重领导，顾全大局。

第二好，遵章守纪好：自觉遵守各项规章制度，服从分配，听从指挥，严以律己，宽以待人，与伙伴协作，把工作做细、做实。

　　第三好，团结协作好：与伙伴团结友爱，相互支持，相互沟通，彼此取长补短，互相配合搞好工作。

　　第四好，职业技能好：干一行爱一行，学一行专一行，熟练掌握岗位所需各项专业技能。

　　第五好，工作业绩好：具有强烈的事业心和责任感，勇于承担艰巨工作，能高效完成各项工作任务。

　　这"五好"中，前四个"好"是过程，第五个"好"是结果，只有做好前四个"好"，第五个"好"才有达成的可能。

　　企业都把"遵章守纪"摆在很重要、很突出的位置，严格按照制度、标准去作业是保证任何一家企业作业秩序、效率、质量、安全的最基本也是最根本的要求。企业的制度主要有如下三个层面（**以企业的安全管理制度为例**）。

　　第一层面：国家有关安全生产的法律、法规、规章、规程、标准和政策。

　　第二层面：行业、企业的安全管理制度。

　　第三层面：车间（**工段**）（**区队**）、班组结合自身实际情况自定的安全管理办法、措施。

　　某铝业大型企业组装车间工频炉班就制定有"工频炉安全作业管理公约"，工频炉高温高压，作业风险程度较高，且只有这一个班组有这个设施，工频炉班必须结合实际情况编写安全作业规定，以规范班员作业行为，尤其是上零点班的员工，管理人员不在现场，这个时候是最缺乏监管的时候，也是最容易昏昏欲睡、懈怠的时候。为了让严肃的制度有一些亲和力，工频炉班没有把它称为制度，而把它叫作"公约"。

　　这三个层面的规章制度中，第一个层面是总纲，规定了员工安全作业的方向；第二个层面是第一个层面在行业、企业的具体化；第三个层面体现了基层单位安全管理的个性和特点。既然是制度，在实际工作中就要不折不扣地执行，制度是刚性的，而且要始终如一，决不能只是挂在嘴边的一句口号。

二、"安全千万条，落实第一条"
——严格按照安全技术操作规程作业

员工要学习掌握并准确把握各项安全操作规程，这是安全作业的指南，员工要逐字逐句地读，一个字一个字地琢磨、体会，真正把作业规程弄懂，做到牢记于心，付之于行。

很多企业各岗位的操作规程主要包含两个部分：一个是作业指导书，主要指导员工规范作业，保证质量；一个是安全作业要点，对员工作业中的安全提出具体规定和要求。这两份文件就是员工的安全操作规程，准确把握好这两份指导性文件并严格按照执行，是确保质量和安全的基本保证。很多企业都有这样的规定：按指导书做事，如果做错，不算您的错！不按指导书做事，即使做对了，也是错误的行为！如果大家对生产安全指导书有改进的意见和建议，可以按照正常流程提出来，由职能部门判断是否应对指导书进行修改，在没有修改之前仍然需要按照指导书执行。

有一位班长对抓好班组安全管理很有心得，他在看电影《流浪地球》时觉得里面有一句台词很有意思，就记了下来：道路千万条，安全第一条。这位班长把这句台词改了一下，让其更加贴合班组安全管理的实际：安全千万条，落实第一条。只有把制度、规程落到实处，才能真正确保作业中的安全。

安全操作规程必须严格遵守，是一条不可触碰的"高压线"，要想保证安全，就得按照规定来，一丝一毫都不能马虎。

某班组起吊三吨以上的大件，风险程度相对较高，为了保证安全，作业规程要求较高，操作时必须严格按照作业规程，拴挂双链条，使用防脱钩和防断链，决不能图省事，想当然地简化作业标准，不然就有可能造成脱钩、断链等安全事故。员工在工件喷漆作业时必须关闭火源和非防爆电器，否则就可能发生油漆的易燃易爆事故，员工在安全作业方面决不能任性而为，自己想怎么干就怎么干，一定要按照既定的安全规程来。如果员工在作业过程中发现安全作业规程不够科学、有待改进，那么可以把意见和建议提出来，交由管理者评判是否需要修改、调整，但在没有正式修改之前，员工仍然需要严格按照规程执行，这就是制度的刚性。

三、自保、互保、众保
——"守望相助"才能真正保安全

我很喜欢草原歌曲，因为它总是给人一种辽阔、悠远、苍茫的感觉。有一首叫《守望相助》的草原歌曲，我记得里面有这样几句歌词：

无边的草海根脉相连
辽阔大地山川绵延
各族儿女携手同心
守望相助幸福永远
是呀，守望相助幸福永远，只有守望相助才能幸福永远

把这几句歌词用在安全生产上也是比较贴切的，员工之间只有相互守望、互相帮助才能确保彼此的安全。有时候一个观望，一个善意的提醒，一句叮咛的话语，就有可能避免一起人身安全事故。安全生产会出现疏漏情况，也会出现"当局者迷"的情况，有时同

事的一句话就能惊醒、警醒他人。安全生产上有一个人人皆知的定律"少一个都不行"，意思是所有员工都安全了才是安全的，有一个员工不安全就不能称之为安全。一个企业有 10000 名员工，9999个员工都是安全的，但有一个员工有不安全的行为，那么这个企业能称为安全的企业吗？每一个员工都是安全的员工吗？这个不安全员工某一天的某一个不经意的行为就可能给这家企业带来损失，甚至是灾难。在安全工作中，员工之间要互相帮衬，守望相助，所谓的"人人为众，众为人人"就是这个道理。

　　每一个员工在日常工作中都要做好安全管控活动，具体主要是要做好以下三件工作。

　　（1）自保：安全管理有一句很有道理的话："自己安全自己管，依靠别人不保险。"不能把自身的安全拜托给管理人员、安全管理人员、同事等，安全或不安全都是自己行为的直接结果，自己是行为的主导者和第一责任人，必须对自己的每一句作业用语、每一个作业动作、每一个作业行为负责，确保不出差错，不出纰漏，不导致安全事故。

　　（2）互保：企业、车间（*场站*）、班组常常让不同特质的员工之间组成安全互保搭档，比如性子慢的与性子急的，年纪大的与年龄小的，学历高的与学历低的，期望这些互保搭档之间取长补短，互相帮助，相互观望，组成一道安全防线和屏障。

　　（3）众保："朝阳大妈"这个特定的词汇不时地会登上热搜榜，北京作为首善之地，历来都有群治群防的优良传统，可以把"朝阳大妈"看作北京"人防网"的一个部分，一个环节。同样，在企业的安全管理上，人人都是安全员，要视安全管理为己任，每一个员工都要时刻关心、关注企业安全全局，发现不安全的地方，都要第一时间去提醒或者去补位、去处置，真正实现"人人为我，我为人人"。只有这样，整个企业事实上才形成一个安全团队，从董事长到每一位员工既具有安全上的细节意识，又有全局视野，企业零事故才有可能实现，并得以长久维持。

四、积极献言提建议
——"整改""提升"两相宜

（一）多为安全工作改进献言献策

安全工作来不得半点马虎，不容一丝一毫的闪失，员工身处一线，工作中有任何意见和建议都要及时提出来，不管是提升方面的还是整改方面的。一线员工最了解实际情况，对安全方面的意见和建议不管最终被采纳与否，都对企业安全管理工作有重大价值。有些被采纳的中肯的意见和建议可以起到立竿见影的改进效果，没有被采纳的也可供管理者在做有关安全管理决策时参考、借鉴。以下例举一些一线班组员工就安全工作的开展提出的意见和建议。

（1）建议上级为班组设立安全奖金，班组是作业施工一线，安全管理与作业难度大，压力可想而知。在班组内部一个月评定一个遵章守纪先进职工，班组全员参与这项评比，对优胜者进行奖励，这样就可以更好地激发班组职工搞好安全工作的意愿，有效地遏制、消除班组违章现象的发生。

（2）电力安全生产大检查建议：春季电力安全大检查应该安排在 5 月份进行，随季节交替，负荷变化，很多电力设施的隐患都会在这个时间段暴露，4 月份进入防汛期，5 月份进入主汛期，结合山区树木返春生长的实际情况，在这个时间段进行电力安全大检查，一方面可以对障碍树木进行剪伐，另一方面可以在主汛期电力设施隐患彻底暴露的情况下排查、处置，确保电力设施安全度汛。

像这样针对一线的安全作业和安全管理的合理化建议，只有一线员工才能提得出来，他们对一线作业最熟悉，对其中不合理和需要进一步提升的地方最了解，建议也是最中肯的。

（二）果断拒绝违章指挥

"违章"是事故的最主要原因，包括员工的"违章作业"，同时也包括管理人员的"违章指挥"。

"违章指挥""违章操作""违反劳动纪律"被称为"三违"，据统计 90% 以上的安全事故背后的原因都是"三违"，如果管理者违章指挥、员工同时违章操作，"两违叠加"，那么会造成什么样的后果呢？

下面是一个违章指挥和违章操作的案例。

事故案例

2019 年 3 月 7 日，江苏某有限公司施工队队长徐某安排无证的工人钱某驾驶叉车违规操作。在下坡时，钱某操作失误，叉车车

尾撞击护栏，徐某被叉车碰撞后摔倒，被工人送至医院后，由于伤势严重经抢救无效死亡。

经事故调查组依法调查认为：施工人员钱某在明知自己未持有叉车驾驶操作证的情况下，未拒绝队长徐某的违章安排，无证驾驶叉车运送施工材料，在经过下坡路段时因驾驶操控不当致使车辆失控后碰撞徐某，其无证驾驶是事故发生的直接原因。法院判决钱某对事故负有直接责任，建议依照公司管理规定进行处理。

施工队长徐某违反公司《特种作业安全生产管理制度》规定，安排无驾驶叉车资格的工人钱某驾驶叉车，是事故发生的间接原因。鉴于其本人已经在事故中死亡，依法不予追究责任。

虽然员工钱某是听命于人，但是出了事故同样要承担责任，拒绝违章指挥必须要既果断、又坚决！

再看第二个案例。

事故案例

江苏某机械制造有限公司起重工马某与同事周某共同在换热器车间 7 号厂房内指挥行车进行换热器管束吊装作业，但二人未按照规范要求在吊装作业现场设置安全区域和安全标志，马某在行车工将换热器管束吊装至指定位置后，在未确认现场安全的情况下，指挥行车工提升钩头、抽取吊带，后钩头在提升过程中致换热器管束受力失衡发生偏移，挤压处在两台管束之间的南京某化工设备安装有限公司工人徐某，致其当场死亡。

马某违反安全生产管理条例，违章指挥，导致发生重大事故，一人死亡，其行为已构成重大责任事故罪，被法院判处有期徒刑一年，缓刑一年。

在以上两起典型事故中，虽然根源都在于违章指挥，但是作业人员并未拒绝，硬着头皮作业，终因操控不当而造成事故。

别等到事故发生时再追悔莫及，作业人员有权拒绝违章指挥！

违章指挥并不是仅仅只发生在管理人员身上，普通员工有些时候也会担任指挥者（管理者）的角色，在这个时候员工一定要熟悉、掌握现场规则和要求，严格规范作业，避免冒险、蛮干，导致发生事故，害人害己。

面对违章行为时，员工要勇敢、坚定地说"NO"；当自己承担指挥者这一角色时，也不能盲干、蛮干。违章指挥和违章作业最后会害了作业者，同时也会毁了指挥者，更是让所在企业承担损失和责任，"一违多失"。下面是违章指挥的 10 大典型行为。

（1）不按安全制度规定对新员工、复工员工、转岗员工、特种作业从业员工等进行相应的安全培训。

（2）对安全管理部门已发出停止使用通知单的设备设施，在未采取措施消除隐患的前提下不经请示批准就安排使用。

（3）多层次、多工种同时交叉作业，现场却不安排专门人员协调指挥和监护，不制定相应的安全措施，不按照危险作业程序报上级审批。

（4）指派身体条件不适合本工种要求的人员作业，或指派无相应资质的员工上岗作业。

（5）对于已经发现的事故隐患，不认真即时整改消除，又没有制订整改计划，仍强行盲目安排生产作业。

（6）违章派遣使用车辆。不按载人、载货等相关规定用车；带"病"（刹车、后视镜、喇叭、灯光、雨刮器等有功能缺陷、失效）出车；指示驾驶人员违章驾驶。

（7）安装设备不按照规定程序和技术标准进行施工、检查、验收、移交；对在验收检查中发现有问题的设备，在问题还没得到解决时就投入使用。

（8）在对机电设备进行检修时，没有把安全防护保险装置方案一并纳入检修计划当中。

（9）在无相应安全生产保护措施的情况下，擅自布置工人拼体力、拼设备、抢时间、赶进度。

（10）工伤事故发生后，没有按照"四不放过"原则吸取经验教训和采取完备的预防措施，仍然冒险作业。

五、破除"习惯性违章"
——习惯性违章不能习惯性不管

有这样一个故事：当羊群出栏的时候，若用一根棍子挡在门口，第一只羊会跳出去，接着是第二只、第三只……当第二十只羊跳出去后，若把棍子拿走，第二十一只羊还是会跳出去。这时明明没有棍子挡着，但这只羊已经被前面的二十只羊影响了，这其实就是惯性思维。与此情境类似的违章被人们通俗、形象地称为"习惯性违章"。

"习惯性违章"顾名思义就是指违章已经成为习惯，是无意中进行的动作，甚至当事员工压根就不知道自己已经违章了，当管理人员对违章员工进行处罚时，当事员工往往一脸迷茫。

"习惯性违章"有一个非常典型的特征，那就是频繁或重复出现。

据有关统计，90%以上的事故都由习惯性违章造成。

（一）习惯性违章的种类

（1）作业性违章，指职工在工作中的行为违反了规章制度或其他有关规定，比如进入生产作业现场没有佩戴安全帽或未戴好安全帽；操作前不认真核对设备的编号、名称和应该处于的位置；作业后不仔细核查设备的状态、仪表的指示；未得到作业负责人的许可就擅自作业等。

事故案例

某车间一年之内相隔不到三个月发生两起相同的高空坠落事故，都是员工在大约 7 米高度作业时不慎跌落，结局却大不相同：一个员工基本安然无恙，另一个员工却不幸身亡。巨大区别的唯一原因是，一个安全帽戴得很标准，牢牢系紧了帽带；而另一个没有系好、系紧帽带，导致坠落过程中安全帽与人体分离。

当然事后无从知道，这位不幸遇难的员工为什么在高空作业时如此马虎。但有一点可以肯定，这种不安全戴帽的行为绝不是第一次，如果悲剧没有发生，也不会是最后一次。

（2）装置性违章，指设备、设施、现场作业条件不符合安全规程和其他有关规定。

（3）指挥性违章，指工作负责人违反劳动安全卫生法规、安全操作规程、安全管理制度等进行的不合理指挥行为。

在这三大习惯性违章中，作业性违章、指挥性违章占比更高，是导致事故发生的最主要原因。

事故案例

某水泥有限责任公司某日发生爆炸，事故造成 9 人死亡，1 人受伤。

事后调查，事故原因是平时负责矿山"钻孔"的工人做了"卸炸药"的工作。

违章指挥是这起事故的罪魁祸首。有关管理人员受到了严厉处罚！

事后人们也在反思，管理人员为何如此麻痹、大胆，做出这样的"调兵遣将"？

"钻孔工人"明知自己不负责"卸炸药"，为什么又能同意去卸炸药，视自己的生命如儿戏，视被伤及的无辜工友的生命如儿戏呢？

零事故管理非常强调的一点是：管理者一定要认为"每一个员工都是不可或缺的"，员工也一定要珍惜生命，来不得半点马虎。

（二）习惯性违章的原因

1．从众心理

首先看下面的一幅漫画。

其实在生活和工作当中这样的事例屡见不鲜。

大马路上，红灯停，绿灯行，应该是人人遵守的交通规则，可是有些人（**不在少数**）就是无视这个规定。从众的心理是产生违章的一个很主要的原因。只要有一个人闯红灯，其他人就会接二连三地加入其中。

在工作中，一些员工常常有这样的口头禅："过去多少年都是这样干的，也没出事，现在按条条框框干太麻烦，不习惯。"这样很容易习惯成自然，凭借以前的操作经验和方法，不自觉地违反操作规程。

2．代代相传

一代传一代，年轻同事效仿老员工，具有很强的代际延展性，而且更容易迷惑人、诱惑人。"你看我师傅几十年都是这样操作的，不是好好的吗！"殊不知，不是每一个人都有这样的好运气，当各种条件同时具备的时候，可能就会瞬间变成灾难。

事故案例

某日下午一点半左右，某工业园区的一家机械配件公司里，冲床正在运转着，43岁的李女士没戴安全帽弯腰去拿地上的产品，正当她起身的时候，意外发生了：她的头发被卷进冲床，头皮严重撕裂，当场出现失血性休克。

李女士是两个孩子的母亲，家中还有夫妻双方的老人需要照顾，事后家人都责怪李女士太不注意安全，李女士说看到其他老员工都是这样作业的，自己也多次这样做，都没有事，谁知这一次……

3．麻痹侥幸

很多职工没有"不怕一万，就怕万一"的防范意识，认为偶尔违章不会产生什么后果，把出事的偶然性绝对化，认为偶然出现一些违章行为也不会发生事故，往往是"领导在时我注意，领导不在我随意"，无视警告，无视有关的操作规程，盲干、蛮干，久而久之习惯成自然。

大庆油田的企业文化中有"四个一样"：黑天和白天一个样；坏天气和好天气一个样；领导不在场和领导在场一个样；没有人检查和有人检查一个样。大庆油田的很多企业精神到现在并不过时，用在安全管理上尤其贴切、实用。

事故案例

某物流有限公司在建工地内，早8点，几名工人推着搭好的铁架往彩钢房走，准备开工干活。铁架大约有7米多高，比较沉，当时有几个人在底下推，很吃力。没多久又来了几人帮忙，就在后来的人快接触到铁架的时候，铁架却碰到了高压线。几声巨响过后，下边正在推铁架的工人的身体瞬间就被火球覆盖了。事故造成四死三伤。

大家都知道那里有高压线，但谁也没过多关注，为了尽快完成任务，大家都一门心思想着工作，没有顾及安全。

事后处理时，一个侥幸逃生的工友对调查人员说，若不是工长让使劲往前推，大伙能这么卖力吗？

4．图省事

在工作中有些员工总想走捷径，操作时投机取巧，一旦尝到甜头，长此以往就会形成习惯性违章。

　　吊装作业是需要几个人协调配合才能完成的工作，既然是协调配合就需要一定量的沟通工作。但在有些企业，员工觉得彼此已"心有灵犀"，因此作业中就不需要按照规定做过多的沟通。

　　比如作业前没有信号沟通，起钩、松钩不鸣笛警示等习惯性违章一而再再而三地发生。一个不在意，可能就会是一次惨烈的人身伤亡事故。

　　如果某天刚好有一位新员工加入，新人不熟悉内部的"默契"，缺少了明确而规范的信号指引，做出误操作，后果将不堪设想！

（三）习惯性违章的解决方法

说一千道一万，不出违章是关键。习惯性违章不能习惯性不管。就怎样解决习惯性违章这一问题，下面是一些参考性建议，供大家结合本企业、班组的实际情况去借鉴、应用。

1．排查本企业、本部门、本班组的习惯性违章

很多时候员工只是下意识地在做，并不完全明白到底哪些行为

是习惯性违章。管理者要引导员工一起排查和梳理本单位、本部门都有哪些习惯性违章。

第一步，把违章一条条梳理出来，文字越通俗越好；

第二步，把违章的严重后果翔实地例举；

第三步，把这些材料张贴、悬挂在显著的位置，或者打印成册，或者把电子版发在各种社群里，人手一份，让员工有组织、有计划地学习。

2．案例教育

管理者和员工一起采取多种方式，目的是让大家真正看清习惯性违章可能带来的害处，案例教育是比较好的形式。现场模拟又是案例教育中比较直观的形式，比仅仅讲述更生动、形象。以拉闸停电为例：作业时，必须先验电后作业，而有的职工却认为这是多此一举，既然已经拉闸停电了，作业对象是不会带电的。但由于种种原因，即使已经确认拉闸断电，但作业对象仍然有带电的可能，一旦出现这种情况，后果就不堪设想。这时管理者和员工可以在现场模拟可能出现的情况，让员工看到出现问题的概率及其危害。

可以把本企业或其他企业所发生的案例拿来让大家学习和讨论，能够产生很好的警醒作用。

3．建立纠正习惯性违章的激励机制

所谓激励机制就是"有奖有罚"。

先看"罚"。

习惯性违章是屡教不改、屡禁不止的行为，它与偶尔发生的违章行为有很大不同。对屡禁屡犯者，完全应该从重处罚。

当然，这个罚的方式多种多样，除了金钱、处分外，还有很多其他方式。具体用什么方式对员工进行惩罚性教育，要看当时的情境和企业、班组的实际状况而定。

再看"奖"。

在企业的安全管理中奖要大于罚，应多奖少罚。处罚员工，当事人会产生强烈的对立情绪。

但奖就不一样了。受到奖励的人肯定会更加注意安全，对没有获得奖励的员工也是一种激励，有可能比罚的推动力还要大。

尤其是对那些不仅自己安全搞得很好，还积极督促别人纠正习惯性违章和帮助消除事故隐患的员工，更要高调地奖励。这个高调，不一定指奖励的金额有多高，主要是在企业内造成的声势要大。

需上级表彰的应提请上级表彰奖励，会产生较大的影响力，达到更好的奖励效果。

只有奖罚分明才能促进员工遵章守纪。员工在消除习惯性违章的过程中要积极参与进来，把习惯性违章铲除于萌芽阶段，确保形成安宁和谐的生产作业大局。每一个员工都应争做安全生产的守护者。

六、精心制定、到位演练
——让企业安全"预案"的作用最大化

（一）"预案"的三个作用

安全不仅涉及制度，还涉及预案。什么是预案？预案是指出问题之后采取什么措施，怎样应对。从这个角度看，预案其实就是制度。

零事故是我们孜孜以求的目标，但并不能绝对避免事故的发生，比如台风、地震等自然灾害，这不是人力可以控制的。一旦发生事故就应想方设法把损失降到最低，预案就是帮助企业把损失降到最低的手段。安全预案有如下三点作用。

（1）有利于第一时间对突发事件做出响应和处置。

（2）有利于避免突发事件扩大或升级，最大限度地减少事件造成的损失。

（3）有利于提高企业全员居安思危、积极识别和防范风险的意识。

从上面第三条作用来看，安全预案看起来是为一旦发生事故做准备的，其实还是预防事故的成分要多一些。中国有一句成语是有备无患。提高思想意识，出现安全事故的概率就会大为降低。

从这个角度说，也是为达到零事故管理目标的一个很有效的管理方式。为了企业的长治久安，为了企业员工自身的人身安全，员工一定要积极参与企业预案的编写、演练等一系列活动。

怎样才能发挥出安全预案的最大化效力呢？有两点非常关键。

1. 要精心制定

不能从网上下载或从其他企业挖一个安全预案，稍做修改充数了事。别人的东西不一定好，有可能和你一样是收集的一些资料。你拿过来就用，岂不是"误企误民"。就算别人的东西很好，并不一定就适合你，会不会水土不服呢？

我们完全可以借鉴别人的，但借鉴的目的是参考，绝不能照抄照搬。

像其他制度一样，我们可以这样去设计一份预案。

第一步：把别处借鉴的预案文本结合自己企业的实际情况进行深刻地改进，标准是本土化、实际化。这是第一步也是最重要的一步。

第二步：把改进后的预案文本交有关部门发给一线员工征求意见。征求意见时，随文本附一个意见表。让被征求意见的人员就有关问题提出意见和建议。这个表格为大家提供了方便，这项工作更容易开展，很多时候如果大家觉得麻烦，就会随便敷衍一下，甚至干脆写上一句"无任何意见"。

第三步：汇总意见，据此改进预案文本。如有必要可开展第二次征求意见活动，收集更多有效信息。零事故的目标不是轻易可以实现的，需要企业员工做出艰苦的努力。

零事故目标的实现需要企业员工上下一心同携手，站在各自的立场和角度贡献光和热！

2．到位的演练

只有预案是远远不够的，还要进行到位的演练。只有这样才能化为员工面对危急时的行动。事故、灾难来临时，人往往会无比紧张，很容易手忙脚乱。有了平时的演练，员工对紧张局面就能很好地反应，关键时候，才会有条不紊地处置险情、处变不惊。下面看一个预案演练的真实事例。在演练的过程中，一线员工必然是最主要的参与者。

案例

2008 年 5 月 12 日汶川地震，是中国人心中永远的痛。

但四川安县桑枣中学却创造了生命的奇迹。地震发生后，全校2300 多名师生员工，从不同的教学楼，全部冲到操场，以班级为单位站好，无一人伤亡。

整个过程仅用时 1 分 36 秒。

让我们看看奇迹背后到底有什么？

（1）快速逃命的预案。

学校早早就制定好危急情况下疏散的预案。

第一是教室。学生的座位一般是 8 行，前 4 行从前门撤离，后 4 行从后门撤离。

第二是楼道。明确规定每两个班在疏散时合用一个楼梯。

第三是速度。2 楼、3 楼的学生要跑得快一些，以免堵塞通道。4 楼、5 楼的学生要跑得慢些，不然会在楼道中形成人流积压，发生践踏危险。

第四是站位。每个班级疏散到操场上的位置是固定的，要求各班级演习时必须站在指定位置。

（2）不断演练，持续改进。

学校从 2005 年开始，每学期搞一次紧急疏散演习。学校会事先告知学生，本周有演习，但学生们并不知道是哪一天。在某一天上课的时候，学校会突然用高音喇叭喊：全校紧急疏散！

在这个过程中，学校会记录演练情况，主要是发现各班级存在的问题。汇总统计后，下发各班，要求在下一次演习中避免。

（3）勉强成习惯，习惯成自然。

刚搞紧急疏散时，小学生当是游戏，稍大一些的学生认为多此一举，很多家长持反对意见，但学校却一直坚持演习。

后来，学生和老师都习惯了疏散演习，每次演习都各司其职，井然有序。

在重大灾难面前无一人伤害，这是零事故的又一经典范例。

通过本章的学习我收获了以下几点。

1. _____
_____

2. _____
_____

3. _____
_____

4. _____
_____

经过对比，我们企业、班组、岗位目前安全工作中还存在以下几点不足。

1. _____
_____

2. _____
_____

3. _____
_____

在现有条件下，我们立即能做好的是以下几点。

1. _____
_____

2. _____
_____

第四章

参加各种安全活动要态度
积极，真出效果，出真效果

一、班前会、班后会、培训会
——三会都要开到位

（一）开好高效的班前会与班后会

班前会与班后会都很重要，班前会重在布置与安排，班后会主要在于总结与安排，两者在程序和内容方面很多是一致的，这里重点讲一讲班前会。作为员工首先要了解班前会在生产、安全等管理上的作用与重要性，然后配合管理人员共同开好班前会，认识深刻才能参与到位。

班前会是企业日常管理的一种常规手段，有时候甚至可以说是很高效、及时的手段，它是企业每天都在进行的一项活动，除了布置、沟通、安排每日作业以外，还能够把企业经营管理上的最新思路与要求即时传达给全体员工，形成企业的合力和凝聚力。主要有以下四个方面的作用。

（1）传达上级精神；

（2）布置当班任务；

（3）作业安全交底；

（4）员工士气提振。

班前会开得好，能够帮助班组更好地组织作业，有利于员工高效完成任务。

班前会的规范流程大致如下，因企业管理特点不同，或者处于不同行业，班前会流程可能有细微的差距。

（1）班组管理人员检查仪容仪表、观察员工神态；

（2）班组长（或值日者）今日工作安排与昨日工作总结；

（3）对工作明星进行激励仪式；

（4）生产或安全经验分享；

（5）每日一训；

（6）几分钟时间全员的现场沟通；

（7）全员的士气仪式。

班组管理人员检查仪容仪表，除了看着装是否规范以外，还有一个很主要的原因，就是观察员工的表情、神态、状态。比如昨晚睡好了吗？有没有醉酒？有没有身体不舒服？有这些状况的员工是有作业安全隐患的，必须从一开始就采取必要的管控措施，比如安排工友帮助照看，或者直接让员工不上岗工作，安全无小事，一丝一毫也不能马虎。

有些企业在基层早班会上，数十年如一日地开展"每日一训"，每天在早班会上讲解一个知识点，内容主要集中于安全和质量两个方面，这就是我们常说的"每天进步一点点"。

作为一线员工，除了以饱满的热情投入到班前会中来，带着愉悦的心情去开展工作以外，还要积极参与"几分钟时间的全员现场沟通"的环节。在管理人员就安全和生产各注意事项讲完以后，还应该留下几分钟的时间，让全员就生产和安全事项自由交流，主要目的有两个：一，员工有不明白的地方或需要协调、支援的地方，可以向基层管理人员提出，得到管理人员的解答或获得资源支持；二，全员都在的时候，有需要其他员工支援和配合的地方，很容易得到大家的响应，比个别沟通效果和效率好得多。

（二）安全培训是员工最大的福利

　　企业会根据安全状况和员工素养情况安排开展对员工进行培训，培训内容很多，但从总体上来说主要包含两个部分：安全知识技能培训，安全意识培训。部分企业有条件让员工自己选择合适的课程培训，企业有培训平台和课程库，可以让员工做选择题；但大部分企业员工是按照安排参加培训。不管培训情况和方式如何，员工要认真上好每一节课，该听的听，应记的记，全身心地投入。把相关安全意识、知识技能牢记在心里，最后转化为日常作业中每一句作业用语，每一个作业动作，每一个规范的作业流程，直到最后把自己锤炼成为一个零事故的员工。这才真正叫"内化于心，外化于行"。一句话总结：必须参加并通过学习不断提高自己的安全素质。上一章我们列举出员工安全培训效果不佳的几大原因，很多企业都在着手解决这些问题，即使需要克服千难万难，也要把这项非常重要、十分必要的安全学习、培训事项做好，做出实效。杜邦公司的十大安全理念中有一条："员工必须接受严格的安全培训。"不接受培训的员工无论如何不可能跟得上企业发展对安全作业的要求，不可能在作业中保护好自己，保护好自己的工友，安全培训是员工最大的福利。

　　日本的安全教育从学校教育到职业教育，再到现场教育，三位一体。日本企业的零事故安全管理在世界范围内独树一帜，这是与他们多层级、立体化，扎实高效的安全教育分不开的，如图4-1所示。

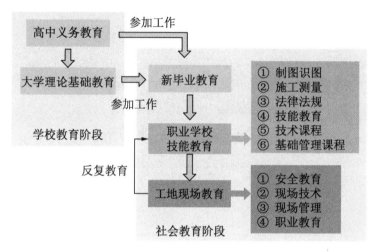

图 4-1　日本企业员工的培训体系

　　即使你到这家企业只是做临时工，也要做几天确保几天的安全；即使你是小时工，也要做到在岗一分钟安全六十秒。从根本上讲，安全不仅为企业以及管理人员，安全更是为自己，为自己家庭的幸福着想！

二、练就一双火眼金睛
——让安全隐患无处遁形

零事故强调要把安全管理的关口前移，做到控风险才能确保安全。

事故隐患是指作业场所、设备及设施的不安全状态；人的不安全行为和管理上的缺陷等引发产生的各种各样的问题、缺陷、故障、苗头等。如果不进行整治或不采取有效安全措施处置，极易导致事故的发生。安全隐患是引发安全事故的直接原因。人的不安全行为，如人走路不稳、路面太滑都是导致摔倒致伤的隐患；管理上的缺陷，如安全检查不到位、安全制度不健全、员工安全培训不到位等，这是产生导致安全事故的温床。

事故隐患与事故的分类。

事故隐患一般分为一般事故隐患、重大事故隐患和特别重大事故隐患。

（1）一般事故隐患，是指危害性较小、整改难度也较小，发现后就能立即着手排除的隐患。

（2）重大事故隐患，是指危害性较大、整改难度也较大，发现后应当立即局部或者全部停业停产，需要经过较长时间整改治理才能完全排除的隐患；或者是外部因素影响致使生产单位仅依靠自身力量难以排除的隐患。

（3）特别重大事故隐患是指可能会造成的死亡人数在 50 人及以上，或者可能造成直接经济损失在 1000 万元及以上的事故隐患。

处理方式。

（1）一般性事故隐患：有关部门、相关岗位要联动起来，采取措施立即排除。

（2）重大事故隐患：应暂时性的局部停止使用，或全部停止使用，并立即上报上级政府安全主管部门，共同做出判断，根据隐患的实际状况，要求限期整改。

（3）特别重大事故隐患：应立即采取停产停业措施，立即上报上级政府安全主管部门，采取立即进行人员疏散、加强安全戒备等相应措施，然后集中一切力量进行彻底整改。

重大安全事故的发生导致的人员和财产损失都是巨大的，对重大事故隐患企业员工要特别在意。

（一）安全隐患的种类

人的不安全行为，主要有 11 类，这是导致生产安全事故的"人"的直接原因。

（1）忽视安全，漠视警告，错误操作。

（2）人为因素导致安全装置失去效力。

（3）生产中使用不安全的设备。

（4）用手代替设备、工具操作。

（5）物料存放位置不当。

（6）冒险进入危险作业现场。

（7）攀爬、或坐在不安全的位置上。

（8）在作业时有分散和干扰注意力的行为。

（9）不使用个体劳动防护用品、或虽然也在使用，但却未能正确使用。

（10）不安全的作业装束。

（11）没有按照正确的程序和方式接触和使用易燃、易爆等危险物品。

物的不安全状态主要有4类，这是导致生产安全事故"物"的直接因素。

（1）缺乏防护、保险、信号等装置或虽然有但是有缺陷、功能不全。

（2）设施、设备、工具、附件功能有缺陷。

（3）缺乏劳动防护用品用具或虽然有但功能上有缺陷。

（4）生产（施工）场地环境不好，不利于安全作业。

管理上的缺陷主要有7类，这是导致生产安全事故在"管理"上的直接因素。

（1）设计和技术上有缺陷和不足。

（2）对员工安全生产教育培训力度和效果不够。

（3）劳动组织、计划安排不合理。

（4）对现场作业检查督促不到位或做出了错误的指导。

（5）缺乏安全生产管理规章制度和安全作业程序、规程，或者虽然有但不够精细、不够健全。制度不精细、不健全应该是很多企业的通病，就是说在很多企业，制度、规程都有，但不一定完备，还很粗糙，实用性、使用性都不强。

（6）没有制定事故预防和应急措施，或者虽然有但不够精细、不够健全。

（7）对发现的事故隐患的整改不力，所需经费不落实、不充分。

因为有这些大大小小隐患的存在，所以事故的发生可能就是在不经意的一瞬间。企业员工对于这些常见的隐患，要在工作中随时发现、认真纠正，立行立改。

（二）安全隐患识别技能

对于安全隐患的识别，不同的员工有不同的方法，有的根据区域，有的根据人员，有的根据作业……那么我们怎样才能一次性的，比较便捷地识别作业场所中所有的安全隐患呢？

从人、机、物、法、环、管6个方面，全方位识别，就是一种比较规范的方法。企业员工先按照这个规范的来，训练久了，习惯成自然，就能识别出作业现场的安全隐患来。

下面以吊装作业为例介绍"6全隐患识别法"，供企业员工参考、借鉴。

1. 人

人的行为差错、纰漏是我们最常见的安全隐患，同时这也是导致大多数生产安全事故的直接原因。员工在平时的工作中，可以从以下几个方面进行隐患识别。

（1）人员劳防用品的佩戴：吊装作业必须戴安全帽，穿防砸安全鞋，涉及搬运物品必须戴手套。劳防用品要根据实际工作要求进行佩戴，但员工往往有怕麻烦、图省事的心理。最典型的就是操作机械设备时，前面戴手套搬运加工原料，后面直接上手操作机械旋转部位。为图省事，最终出事。还有不戴护目镜、耳塞、口罩、高处作业不戴安全绳等，究其原因还是怕麻烦和侥幸心理。

（2）不按操作规程作业，凭经验、靠运气、擅自跳过或更改作业流程。例如吊装中无人指挥或指挥信号不明，直接从有人的地方穿过、作业人员站在吊物上，或站在吊物下，或有手扶、手托吊物等违章行为。

（3）吊装人员是否持证上岗，作业人员是否经过培训，特种作业人员是否持证上岗等。

2. 机

机，即设备。当我们的设备出了问题，再怎么小心操作都等于零。

吊装作业的行车作为特种设备是否定期检验，实用可靠，吊具是否变形、是否断股断丝，吊钩的防脱落保护是否完好等。设备安全可从安全防护装置、设备之间的间隔是否合理、设备是否需要防爆处理等方面来考虑。

3. 物

物，即物料。

物料是我们操作时最先接触的物质，当物料本身存在有毒有害、易燃易爆等风险时，我们的操作也会随之产生隐患。

此条分析更多涉及工艺流程中的原材料，吊装作业涉及面不大，但当吊装的物料是钢水、易燃易爆物质时，其起吊量是否超标，起吊时是否有应急措施，是否应该采取防护设施等都是应该考虑的现场安全隐患。

4. 法

法，即方法、工艺。

吊装作业是否简单粗暴。如果吊装的是有边刺的物品时，要考虑是否采用了防护措施，吊装时滞空时间是否过长，吊装路线能否避开贵重设施或危险性较大的区域等。非吊装作业更多涉及工艺分析，例如高温、高压、低温、热处理、电镀等，需从工艺操作本身的角度分析安全隐患。

5. 环

环，即作业环境是否安全。

吊装时地面是否有磕绊物、吊装区域是否在周围拉警示带、吊装区域是否有化学品、爆炸品等安全风险较大的物质。其他诸如工作环境温度、压力、湿度、采光、粉尘、化学品气味等均为作业环境中可能隐藏的安全隐患。

6. 管

管，即管理是否到位。

对于作业现场的安全监管是否到位。安全监管部门、行车使用部门是否对行车这一危险源做到定期监管、维护。设施保障部门是否有行车的相关技术说明书等。

管理者主要包括吊装作业单位、安监部门等。管理一定要有方法、有措施、有落实、有结果。

（三）安全隐患识别在企业的应用案例

现在是智能化、信息化时代，沟通手段多种多样，方便快捷。如果企业设立有安全隐患处置平台，员工就可以开展"安全隐患随手拍"活动，及时把安全隐患上报平台处置。当然自己能够在工作范围内解决的隐患问题，自己责无旁贷就应立即着手先解决，上报平台的主要是限于人力、物力自己立足岗位或者依托周边小伙伴不能解决的。或者这些隐患是其他岗位、其他部门的问题，不属于自己工作范畴和职责之内的。这样的随手拍图片，再配以简捷、清晰的文字，相关部门很容易就能搞清楚问题的类型，需要采取怎样的措施去解决。这样发现的安全隐患，解决安全隐患的方式是较为便捷、高效的。

例如下面的一家企业做法就很好。

现场的管理者和作业人员对施工过程中的不文明、不安全现象、行为一经发现，由发现者立即拍下照片，上传至曝光平台；由指定区域的管理人员及上班人员，在规定时间内完成整改。

这个"安全隐患随手拍模式"，不光有曝光，同时还有后续的监督整改，落实到位的举措，不仅仅是一次曝光。相关人员还将发现及整改的全过程整理上传至安全隐患曝光墙，形成闭环控制。

安全曝光平台的建立，能够有效督促企业各单位、全体员工做好隐患辨识及整改工作，切实将安全责任分解到每个人，安全行为落实到每个人，全面落实"一网四格"，建立健全安全制度职责，强力抓安全，人人管安全的局面。只有人人都是"安全员"，人人都做"安全员"，企业才能真正形成齐抓共管良好的安全氛围，企业安全才能从根本上得到保证。

　　企业员工在这一发现隐患的活动过程中，人人都要练就一双火眼金睛，让安全隐患无处遁形，平时遇到各种问题、现象，看到作业现场都要多瞄几眼，多摸几下脑袋想一下，看是否有不合适、不妥当的地方，兴许这样一留意，就会发现隐藏在平静祥和外表下的汹涌暗流，然后及时帮助处置或上报处置存在的安全隐患问题。这是确保自己和工友安全的大事情，没有任何一个员工会愿意工作在一个时刻充满危险的环境中。

三、确保设施、设备安全
——钢枪闪闪亮才能打胜仗

我们常说"本质安全"，那么什么是本质安全呢？所谓本质安全，主要是就"物"的状况来考量的，就是设施、设备从本质上来说是安全的，"工欲善其事必先利其器。"安全管理也是如此。我们可以从两个方面来理解"本质安全"：一，机器、设备是安全的，在正常作业的情况下不会出现故障和事故；二，即使出现误操作、导致不安全情况出现，也有隔离措施，从而避免伤害或减少伤害程度。

隔离措施有三个手段：隔开、封闭和缓冲。

隔开：离危险远，避免员工受到伤害。比如，把特殊的危险品放到一个最偏僻的角落，使尽量少的人走到那里，免得人会受到伤害。

封闭：把危险源进行适当的封闭，使其不会伤害到员工。比如安全的护栏、安全罩等。

缓冲：不能远离且不能封闭的危险源，可以采用适当的措施对危险能量吸收、缓解，使其对员工的危害程度大大降低。

比如在湿滑的区域铺上地毯或其他物质，以防止作业人员不慎滑倒、摔伤等。

实现本质安全需要管理人员、一线员工都要多花精力。

通常安全事故的发生 90% 以上是由于员工的行为造成的。那么剩下的百分之几是什么原因造成的呢？主要是物的不安全状况导致的结果，这是一线员工的直接责任。一些企业的安全设备上也存在问题：比如消防水带是烂的，消防水龙头出不了水，未配置应急照明灯，没有设置消防疏散指示标志，灭火器材配置不符合要求且大部分已经损坏等。以下是《天津刑警奇闻录》真人真事中的一个片段。

十几年前，天津某设备厂发生了一起锅炉爆炸案。当时有人员伤亡，警方第一时间到事故现场。

安检人员查明，事故的直接原因是司炉工直接往烧干了水的锅炉里直接灌注冷水，导致剧烈爆炸。

在事故现场，警方看到一具尸体倒在地上，手里还紧紧地攥着一个阀门。

经询问这是一个老工人。

为什么一个二十多年工作经验的老工人会出现如此低级的错误？

警方经过反复彻查，最终得出两个结论。

（1）锅炉设备老化严重，水位表严重失准，无法确定锅炉内的水位。同时泄压阀堵塞，进水阀漏水。

这样的设备如同一个定时炸弹会随时引爆。

（2）当天值班的不是事故现场死亡的老工人，而是另有其人，这个新员工刚被安排到这个岗位上，对业务一知半解，再加上锅炉仪表指示不清，造成违规操作。

当晚，由于仪表不能准确显示锅炉内的水位，这位当班的年轻人直到睡醒后才发现锅炉烧干了，匆忙之中，他打开进水阀就往锅炉里灌注冷水，红烫炉底骤然遇到冷水，内部压力直线上升！正确的做法应该是减少炉火，待其慢慢自然冷却，才可往里加水。

这位事故现场死亡的老工人当夜在家辗转反侧、无论如何也睡不着，他担心年轻人一个人值班出差错，就起身披衣来看看情况，刚好看到了这惊险的一幕，他急忙冲过去关上进水阀，一把推开了这个年轻人。

作为管理人员在设备的安全上承担着最主要的责任，作为员工在设备的安全上承担着最直接的责任，是设备直接操作者，负责设备日常的使用、维护、保养等。对分内的设备日常维护，员工要以高度的责任心、细心、耐心去做好这项工作，这事关我们的切身利益，这项工作做得好与不好关系到员工的工资收入和人身安全。

如果一些设备的维护工作超出了我们的职责范围，比如需要投入资金更换零部件，那么就需要员工提请上级支援提出申请和建议。

企业员工要和管理人员配合，确保设备的换代更新，淘汰那些高耗、低效、不合理、不安全的设备。

严禁拼装、勉强使用设备，应该报废停用的坚决不再使用。

其次，要与时俱进，与科技的发展同步，适时采用新技术、新装备改造传统设备。

严格把控设备的进入关，绝不使用伪劣产品、无安全标志产品、非防爆产品，从根本上杜绝事故的发生。

2019 年 11 月 22 日 10 时 25 分，山东青岛经济技术开发区，中国石化管道储运分公司东黄输油管道泄漏原油进入市政排水暗渠，在形成密闭空间的暗渠内油气积聚，遇火花发生爆炸，造成 62 人死亡、136 人受伤，直接经济损失 75172 万元。

事后查明，事故的直接原因是：输油管道与排水暗渠交汇处管道腐蚀减薄、管道破裂、原油泄漏，流入排水暗渠后又反冲到路面。原油泄漏后，现场处置人员采用液压破碎锤在暗渠盖板上打孔破碎，产生撞击火花，引发暗渠内油气爆炸。

从上面这个案例中可以看出，事故的第一导火索就是设备管线老化破裂。

通过本章的学习我收获了以下几点。

1. _____
_____

2. _____
_____

3. _____
_____

4. _____
_____

经过对比，我们企业、班组、岗位目前安全工作中还存在以下几点不足。

1. _____
_____

2. _____
_____

3. _____
_____

在现有条件下，我们立即能做好的是以下几点。

1. _____
_____

2. _____
_____

技能篇

零隐患 | 零事故

第五章

安全常识、知识
要牢记于"心"，付之于"行"

　　要想做好日常安全管理工作，首先要有安全意识和做好安全工作强烈的意愿和动力；同时还要具备做好安全工作所需要的知识和技能。这是员工做好安全工作的底气和能力，只有像这样既有意愿还有能力，才能真正做好安全管理工作。

一、空间有限，危险无限，
作业常识要牢记

有限空间，是指完全封闭或者部分封闭，与周围环境相对隔离，出入口比较狭窄，自然性通风不畅，很容易造成有毒有害、易燃易爆等物质聚积或者内部氧气含量较低的空间。如果不采取合适的措施处理，作业人员贸然进入作业会发生危险。像管道清淤、疏通污井、巡查井室、储罐防腐，这些在生活中常见的施工场景实则都是"有限空间作业"，有限空间虽然面积不大，但危险却不小。

有限空间事故案例

案例警示：空间不大、危险不小，有限空间作业事故教训深刻！

事故案例

四川成都市大邑县应急管理局 2021 年 6 月 13 日向公众发布消息称，上午 10 时 30 分，在停产检修期间，四川邑丰食品有限公司的 2 名员工在检修废水管道时不慎掉入废水池，而在现场的另外 4 名公司员工在施救时因处置不当，也相继掉入废水池中。后来虽经政府相关部门组织人员全力搜救，6 名员工最后全部被搜救上来，但经过医院的全力抢救，终因中毒较深，6 人无一幸免。

2021 年 7 月 3 日 15 时，位于浙江海宁市马桥街道的浙江迈基科新材料有限公司在停产期间，清理废水收集池作业时发生了一起中毒事故。该公司的 1 名员工在下池底进行清淤时因吸入现场聚集的有害气体而晕倒，另外 4 名同事也因施救时缺乏保护措施而相继中毒。事发后，公安、消防、应急管理、120 急救等部门及社会救援组织第一时间赶赴现场开展救援。事发后，3 人经医院全力抢救无效而死亡，2 人生还。

上面两个案例，一个发生在 2021 年 6 月 13 日，另一个发生在 2021 年 7 月 3 日，这样连续因有限空间作业导致的死难事故，可谓触目惊心。

（一）有限空间事故频发的原因

频发的有限空间事故背后的原因多种多样，导致不同事故的原因也有一定的差异，但共性多于个性，大致的原因如下。

（1）企业对有限空间作业风险重视程度不够，辨识能力不足、认识不到位；

（2）企业没有制定、执行有限空间作业严格的审批流程和制度，没有科学规划和制定严格的作业程序和规程；

（3）企业将有限空间作业事项分包给明显不具备安全生产资质和条件的单位，且没有尽到安全主体责任、以包代管；

（4）企业在有限空间作业时未按规定给作业人员配备必要的劳保防护用品和应急装备；

（5）企业对作业人员的安全培训教育不到位，作业人员存在习惯性违章作业的行为，当出现紧急状况时盲目的、不科学的施救导致了人员伤亡的扩大。

尤其当每年夏季汛期来临时，有限空间作业的危险性都会加大。高温潮湿天气容易导致有限空间有毒、有害气体的积聚和产生缺氧环境，如果作业人员处置不当、防护不当，极易导致事故发生。如何才能避免这些让人痛心的事故发生呢？

（二）有限空间作业的常识

有限空间作业是指作业人员进入空间受到限制的区域或场所进行的作业活动。

1. 有限空间的分类

（1）地下有限空间：如地下仓库、地下室、地下工程、地窖、地下管道、隧道、暗沟、地坑、涵洞、废井、污水池（井）、化粪池、沼气池、下水道等。

（2）地上有限空间：如酒糟池、储藏室、冷库、温室、垃圾站、发酵池、料仓、粮仓等。

（3）密闭的设备：如贮藏罐、船舱、反应塔（釜）、车载槽罐、水泥筒库、球磨机、压力容器、管道、冷藏箱（车）、锅炉烟道等。

2. 有限空间作业的安全问题、有害因素及辨识技能

有限空间作业在安全管理方面存在的问题。

（1）对有限空间的危险程度认识不到位，没有采取强力的安全保护措施；

（2）不重视有限空间作业的安全管理工作。在进行有限空间作业时，不事先对作业现场进行有效的通风，不对现场有毒、有害气体进行细致的检测，在没有配备专业的防护人员进行监护的情况下就盲目组织作业；

（3）企业对员工的安全教育培训不到位，效果不好，作业人员缺乏有限空间作业所必需的安全知识、常识，并且严重缺乏自救互救的能力。员工一旦接到有限空间作业的任务，一定要把安全知识、常识全部弄通弄懂后，再按照步骤规范作业。如果企业培训不力，员工要主动学习这方面的知识，比如通过网络学习、向别人请教等；

（4）防护保护用品配备不够，没有给现场作业人员配备必要的自救装备和防护器具，比如防毒面具和气体检测监控仪器等；

（5）企业没有提前制订扎实有效的应急预案，在事故发生时，往往因员工不科学地施救导致伤亡人数进一步扩大；

（6）企业对有限空间作业的安全监督、监管工作重视程度不够，有限空间安全作业监管体系存在薄弱环节和监督漏洞等。

有限空间作业存在的有害因素如表5-1所示。

表 5-1　有限空间作业存在的危险有害因素

有限空间种类	有限空间名称	主要危险有害因素
地下有限空间	隧道、地窖、地下仓库、地下室	缺氧、有毒气体
	地下管道、地下工程、涵洞、废井、化粪池、污水池（井）、暗沟、下水道、地坑	缺氧、有毒气体、可燃气体爆炸
	矿井	缺氧、一氧化碳中毒、可燃气体爆炸、粉尘爆炸
地上有限空间	温室、冷库、储藏室	缺氧、一氧化碳中毒
	发酵池、酒糟池	缺氧、可燃气体爆炸、H_2S中毒
	垃圾站	缺氧、可燃气体爆炸、H_2S中毒
	粮仓	缺氧、粉尘爆炸、PH_3中毒
	料仓	缺氧、粉尘爆炸
	坑、池、仓	缺氧、有毒气体
密闭设备	煤气管道及设备、压力容器、车载罐槽、船舱、储藏罐、反应塔（釜）	缺氧、一氧化碳中毒、可燃气体爆炸、粉尘爆炸
	管道、冷藏箱	缺氧、有毒气体
	锅炉、烟道	缺氧、一氧化碳中毒

　　有限空间作业时经常发生的事故：窒息缺氧、燃爆、中毒、其他的危害，例如淹溺、高处坠落、触电等，还包括腐蚀与灼伤，高温作业导致的中暑，尖锐锋利物体引起的划伤和其他原因导致的机械伤害等。

　　引发有限空间作业事故的直接原因：密闭空间中存在危险危害物；通风不佳，致危险危害物的聚集；没有提前采取通风、防护等措施，或者因功能缺失等原因导致防护装备不产生效力；现场监护不力而引燃火源；作业中的误伤害等。

（三）有限空间安全作业技能

（1）企业应该对自己范围内的有限空间进行作业前的全面而细致的辨识，确认企业范围内的有限空间数量、位置以及有害危险因素等基本情况，构建企业有限空间管理台账，并根据实际变化情况及时更新；

（2）企业在进行有限空间作业前，应该对作业环境进行评估，分析可能存在的危险有害因素，制订消除、控制危害的措施，形成翔实的有限空间作业方案，并经企业相关负责人签字批准；

（3）企业应该对参与有限空间作业的负责人、应急救援人员、监护人员、作业人员等进行专项安全注意事项培训。安全培训还应当有专门的记录，并让参加培训的现场作业人员签字确认，员工在接受培训时一定要把相关的要求、注意事项都搞通弄懂，严格按照作业规程作业；

（4）有限空间作业应该严格遵守"事前通风、作业前检测、确认后作业"的原则。检测的指标包括含氧浓度、易燃易爆的物质（**爆炸性粉尘、可燃性气体**）的浓度、有害有毒气体的浓度。检测应当规范科学，符合相关行业标准或者国家标准。不经通风和检测，并确认合格，任何作业人员不能进入有限空间作业。检测时间不能早于作业开始前的30分钟；

（5）检测人员在进行检测作业时，应该做好记录，包含检测的时间、地点、有毒有害气体的种类、浓度等信息，并由检测人员签字确认后存档被查。检测人员在检测时必须采取相应的安全保护措施，防止窒息、中毒等事故发生；

（6）在有限空间内如果有残留或者盛装的物料可能对作业人员存在安全危害时，作业人员应该在作业前对有害物料进行清空、清洗或者置换；

（7）企业应该按照与有限空间可能存在的危险有害因素的种类和其危害程度相对应的原则，为作业人员提供符合行业标准或者国家标准规定的劳动防护用品，并教育、监督作业人员正确使用与佩戴。作业人员在作业前一定要反复确认劳保用品的效力，并确保正确地佩戴；

（8）企业如果因技术等原因将有限空间的作业分包给其他单位实施的，应当发包给具有国家规定的资质或者安全生产技术条件的承包方，并与承包方签订单项安全生产管理协议；在协议中明确双方各自的安全生产职责。如果一项作业存在多个承包方时，企业应该对作业安全生产工作进行统一协调、管理。企业对其所发包的有限空间作业承担安全上的主体责任。承包方对其承包的有限空间作业承担安全上的直接责任；

（9）在进行有限空间作业的过程中，应当不间断采取到位的通风措施，保持空气通畅，严禁采用纯氧方式通风换气。如果发现通风设备停止运转；或者有限空间内的含氧量浓度低于国家标准或者行业标准规定的限值时；或者有毒有害气体浓度高于国家标准或者行业标准规定的限值时，必须立刻中止有限空间作业，并清点作业人员，及时撤离作业现场；

（10）在进行有限空间作业的过程中，应该对作业环境中的有害危险因素进行定时检测或者连续不断地监测。如果作业过程中断 30

分钟及以上时间，作业人员再次进入有限空间作业之前，应当重新通风、经检测合格后才可进入作业现场；

（11）有限空间作业场所的照明设备、灯具、电压等应当确保符合相关国家标准或者行业标准的规定；

（12）如果在有限空间作业过程中发生事故，现场作业相关人员应当立即报警，不能盲目施救。应急救援人员在实施救援时，应当做好自身的防护、保护，佩戴必要的防护器具、救援器材等；

（13）在有限空间作业结束后，作业监护人员、作业现场负责人应当组织对作业现场进行清理，安全撤离作业人员。

除了以上的条款外还有以下几个注意事项。

（1）保持有限空间出入口畅通；

（2）设置明显的安全警示标志和警示说明；

（3）作业前清点作业人员和工器具；

（4）作业人员与外部应一直保持可靠的通讯联络；

（5）监护人员不得离开作业现场，并与作业人员保持联系；

（6）存在交叉作业时，需要提前制订并采取避免互相伤害的措施。

二、安全作业常识、作业要求和须知

除了上面专门的有限空间常识外，下面的安全作业常识，员工们也要牢记在心，以帮助自己更好地做好日常安全作业工作。

（一）安全生产作业常识

（1）安全生产的方针：安全第一、预防为主、综合治理。安全对企业、社会、员工个人、员工家庭来说是最重要的一件事，需要社会、企业各部门、各岗位齐抓共管才能做好，防患于未然是基本的方式方法。

（2）"三级安全教育"：公司（项目）级安全教育、分公司（分包单位）级安全教育、班组级安全教育。

（3）作业"三宝"：安全帽、安全带、安全网。

（4）安全"三违"：违章作业、违章指挥、违反劳动操作规程。违章作业、违反劳动操作规程都是指员工作业期间不按规定操作，规定动作做不到位。

一次班后复查，零事故班长白国周发现有一根锚杆打得不合格，便要求做此项工作的员工返工，而返工需要到附近的三分队去借工具，来回需要半个多小时。其他员工们劝他，一根锚杆有些瑕疵出不了大事，喷进去后看不到，别再浪费时间了。但白国周坚持说："就是因为看不见，风险才最大，安全不能有一丝一毫的隐患，不能有任何侥幸的心理。"在白国周的坚持下，员工们只好去借工具，把那根不合格的锚杆处理好，白国周和同事们一起把这一隐患整改完成后才一同下班。

把规定动作都做到位，并不容易，有时需要费时费力，看起来很不划算，但安全要算大账，不能计较眼前的得与失。

（5）"四不伤害"：不伤害自己、不伤害他人、不被他人伤害、保护他人不受伤害。要想不被他人伤害，保护他人不被伤害，安全管理模式就要由个人责任制，升级到团队互助阶段，这样才能真正构建起安全的防护网，让安全隐患无处遁形，帮助企业真正实现零事故的安全管理目标。

（6）"四口防护"：楼梯口、电梯口、预留洞口和出入通道口。

（7）"五临边防护"：平台边、阳台边、楼层边、屋面边、基坑边、楼梯侧边。

（二）基本安全作业要求

（1）未成年人员严格禁止进入施工作业现场；

（2）进入作业现场前所有人员必须了解现场的危害、危险并学习相对应的职业健康常识、安全知识等；

（3）进入作业现场的人员，必须按照规定佩戴好个人防护用品，即使是临时的来访人员也不例外，所有施工人员都应持证上岗；

（4）进入现场，必须通过展示、讲解等途径，了解作业现场的平面布置、横竖向布置和通道等情况，并随时注意安全警示标志提示；

（5）严禁饮酒后进入施工作业现场；

（6）有禁烟规定的场所严禁吸烟、不能抛扔物品、严禁在施工作业现场大小便；

（7）严禁不经批准移动、拆除现场安全装置、设施；

（8）严禁操纵、动用本人管理职责范围外的任何工具、器具和机械设备；

（9）生产作业现场严禁攀爬、跨越障碍物、防护设施、围栏、孔洞沟渠、机械设备或电器设备；

（10）严禁进入照明不良、没有防护或不熟悉的区域进行冒险作业或超过自身能力的作业尝试；

（11）严格遵守作息时间规定，按规定进行适当必要的工间休息，身体、精神不适时必须休息，不能上岗；身体不舒服时，比如吃了感冒药等，意识容易恍惚。这时候如果从事的是需要精力高度集中的工作就要小心在意，稍不注意很容易误操作；

（12）施工作业前应根据班前会的布置和要求，结合现场的实际状况，对工作环境进行必要的巡视，及时清除事故隐患，确认作业环境的安全；

（13）施工作业的过程中、完成工作后应保持场地整齐干净，道路畅通，防护设施到位；因作业需要临时拆除的防护设施要及时恢复到标准规范的状态；

（14）操作前要对机械设备进行常规检查、观察，应该始终保持机械和设备在正常的状态下运行。如发现有不正常的情况，能自己处理的小毛病即时处理，作业人员不能处理的应及时通知专业人员，经维修并确认安全之后方可工作；

（15）两人以上协作工作时，由于距离较远需要按规定的联络信号相互配合作业，这时应严格按照信号进行操作。协作者应当牢记所规定的信号的内涵，在弄清、确认信号所表达的含义之后再开始作业，必要时可以再确认一次，真正做到不清楚不作业；

（16）严格按照操作程序作业，一步不少，一步不简，如果因为怕麻烦而去简化、省去规定的操作步骤，可能引发许多意外安全事故，这方面有许多的案例，切记不要冒险尝试，最终会害人害己；

（17）非常规操作时应及时报告（**没有既定的作业程序**），例如当生产线中产品发生变形，或者遇到机器设备小故障时，需要进行一些修正操作，但程序中对这些临时作业却没有规定，这个时候应及时向管理人员报告，共同商定好简易程序再进行作业（**以后就把这个简易程序固化下来，形成正式作业，一点一滴的完善，逐渐过渡到全方位规范化的程序化管理**）；

（18）不靠近或进入危险场所，如正在运转的机器或起吊的货物等，对于危险，能避开多远就避开多远；

（19）不对正在通电、运转或加热中的机械装置进行检修、清扫或加油作业；

（20）未接到信号或未经确认安全，不贸然移动车辆，启动机器、物件或者进行下一步的作业；

（21）作业中如果因故离开正在运转的机器设备，不把机器设备或所加工的材料置于没有安全保证的状态下或场所中；

（22）严禁拆除安全装置，如果发现安全装置失去效力，起不到保护的作业，要及时处置或报请上级处置；

（23）不从机器、车辆、大堆物件上跳上、跳下，不用手去替代规定的工具进行作业；

（24）个人防护用品，要保护得当，佩戴规范，不能随意佩戴或在特殊场合干脆不带；

（25）不得随意触摸未知的化学物品，不清楚它到底有多大的毒害；

（26）没有经过安全确认，没有经过批准，不能贸然进入密闭有限空间；

（27）发生事故不贸然相救。尤其在现场情况不明，自己保护用品和措施不足的情况下。

（三）个人防护用品的要求

（1）进入施工作业现场必须按照规定佩戴好安全帽，并系好小额带；

（2）在超过2米的高处作业，必须系牢安全带；

（3）电焊工在作业时，须穿帆布工作服、佩戴绝缘手套、戴防护面罩；

（4）电工作业时需穿好绝缘鞋、佩戴绝缘手套；

（5）架子工在作业时要穿防滑的鞋子；

（6）剔凿作业人员在作业时要戴好防护眼镜；

（7）木工机械作业人员在作业时要戴耳塞；

（8）搅拌站作业人员在作业时要佩戴口罩；

（9）起重信号指挥工在作业时要穿醒目的工作服；

（10）混凝土工在作业时要穿胶鞋、佩戴绝缘手套。

（四）土方工程作业安全须知

在土方施工作业时容易发生的安全事故主要有坍塌事故和机械伤害事故。

（1）机械挖土作业时：应从上往下分段分层进行，严禁采用底脚挖空的操作方法；

（2）现场任何人员都不能进入挖掘机的施工作业范围以内；

（3）装土作业时，严禁人员停留在装土机上；

（4）在人工挖土作业时，必须进行支撑或放坡防护；

（5）严禁通过在中间掏洞和从下向上的作业方式来拓宽沟槽；

（6）在进行深坑、深井内挖土作业时，要保持通风良好，如果闻到有异味，应该立即停止作业，撤离现场，并报告相关管理人员；

（7）在所开挖的沟槽边线1米以内严禁堆土、堆料、停放设备机具；

（8）在开挖的过程中，要随时注意土壁情况的变化，如果发现土壁有裂纹或部分坍塌的现象，应该立即停止作业，人员撤离现场；

（9）作业人员在作业过程中上下经过坑沟时，应该从搭好的木梯、阶梯或安全通道上下。

（五）管工、设备安装安全须知

（1）在安装立管作业时，应该先把洞口周围清理干净，严禁向下抛掷作业所需的物料。作业完毕应该把洞口的盖板盖牢；

（2）在进行水压试验时，应该在散热器的下面铺垫好木板。加压作业时应当缓慢地进行，加压后不能用力磕碰冲捕，切记不能带电进行维修；

（3）在安装吊、立、托管作业时，上下各环节要配合好。还没有安装的楼板预留洞口应该盖严、盖牢。作业用的绳索、人字梯、临时脚手架等必须平稳、牢靠。脚手架不能超重作业，不能留有空隙和探头板；

（4）对管材的除锈和刷漆工作，应当在安装以前进行；

（5）在铲管材磨口、破口、敲焊渣、剔飞刺作业时，作业人员应佩戴好防护眼镜，作业环境小范围内禁止有无关人员；

（6）进行管道吹洗作业时，在排出口应设专门人员监护。在吹洗和实验的过程中，不能同时进行安装和检修作业；

（7）安装立管作业时，在开启安全防护盖板或预留洞口的钢筋网前应该向总部提出申请，办理洞口交接使用手续后，方可进行拆除作业。操作完毕后应该把预留洞口安全防护盖板恢复到位，盖牢、盖严；

（8）安装冷却立管作业时，与冷却塔连接的最后一根管的法兰盘的上端，必须先焊接好后再连接冷却塔塑料法兰盘。在对安装立管施焊接前，应该首先申请动火证，并在作业时设立专人看火，并准备好消防器材备用，井道的孔洞应用被水浇湿的石棉布堵严，不让焊接的火星掉到下一层；

（9）在潮湿或地沟等场所安装管道作业，应有良好的照明设施，照明用电压不能超过 12 伏。

（六）混凝土施工安全须知

混凝土施工作业时较容易发生的安全事故：如在使用振捣棒导动混凝土时容易产生触电事故，泵送混凝土作业时容易导致崩伤事故，当作业面搭设不符合规定时，容易发生高处坠落事故。

（1）使用手推车往料斗倒料时，要有挡车的设施，不能用力过猛和大撒把；

（2）浇灌混凝土作业时，不能直接站在溜槽帮上或在模板和支撑面上操作；

（3）当夜间进行施工作业时，照明光线必须良好；

（4）应严格按照操作规定来清洗布料机。

以上是比较典型、有代表性的安全作业常识，员工在实际工作中一定要提前把自己作业范畴内的相关安全作业常识熟练掌握。员工一定要把安全作业常识弄清楚再生产，务必真正做到不安全不生产。

三、生产中"易出事故"的 10 个关键节点

安全生产最怕的是什么？事故！事故最怕的是什么？预防！预防需要的是什么？掌握事故发生的规律并提前采取措施去规避。

在安全生产中，哪些情况下最容易出事故呢？下面通过"漫画＋案例"来比较直观地阐述说明。

（一）新进员工易出事故

新员工安全意识比较淡薄，安全技能还有待提高，初入工作，对一些安全规则还不熟悉，没有接受过全面的安全培训，没有经过安全作业的洗礼，较老员工而言更容易发生事故。

事故案例

2018 年 1 月 6 日 23 时 41 分，某生物颗粒厂发生一起机械伤害事故，新员工赵某因操作不当导致双腿被滚动的基轴带入刀盘绞绕，因伤及腿部大动脉，心跳呼吸骤停当场死亡。

　　日本员工佩戴的安全帽上清晰标明以下内容：员工血型（一旦出事故抢救用）；员工工龄（是否新员工）；安全培训内容和时长（受教育情况）等。这些都是对安全管理极其有用的信息，便于现场人员的管理，也便于员工之间相互帮衬。这就是安全上的目视管理，使潜在问题显现化。

（二）冒险省事易出事故

因为图省事，把必要的安全规定、安全措施、安全设备看成实现目标的障碍和束缚手脚的工具，这样极易发生事故！

例如为了图凉快不戴安全帽；为了省时间而擅闯危险区；为了多生产而拆掉安全装置；为了尽快动火不开具动火证等。

事故案例

2019 年 1 月 21 日，某公司包装车间发生一起车辆伤害事故，包装车间主任王某违规安排张某驾驶装载机在视线不明的情况下托举钢板，进行冒险作业，造成 1 人死亡。

（三）新投工艺易出事故

为了争时间、抢速度、赶工期，没有对操作者和相关人员开展有关新工艺的安全培训就仓促上马、试车、开工生产，进而酿成悲剧。

事故案例

2020年3月25日，某公司氮气改造工程竣工并投入使用，公司特种车辆调度室碳粉准备作业使用的压缩气体由压缩空气更换为氮气。3月30日，碳粉准备作业班两名作业人员在未采取通风措施和氧含量检测的情况下，贸然进入罐体作业，发生中毒窒息事故，导致两人死亡。

（四）赶工时期易出事故

盲目赶工期是造成工程质量缺陷或安全事故的重要原因之一。

为了赶工期，企业往往会违背客观规律，忽视对安全措施的落实。在赶工期内，员工往往是连续奋战，疲劳应付，透支精力，因而注意力不集中，很容易出现因图省事、省力、走捷径而导致的违章行为。

事故案例

2016年11月24日，江西某发电厂三期扩建工程发生冷却塔施工平台坍塌特别重大事故，导致73人死亡、2人受伤。

导致事故发生的一个很重要原因就是冷却塔施工过程中存在明显的抢工期现象。施工单位为完成工期目标，不断加快施工进度，导致拆模前混凝土养护时间过少，强度不足，最终导致平台坍塌特别重大事故。

（五）工作收尾易出事故

一天作业接近尾声，员工对事故的警惕性会有所松懈。

经过一整天的劳动，员工的精力和体力消耗都很大，再加上盼望早点下班去休息，或者头脑中正在计划下班以后的安排，这时往往就会出现注意力不够集中的情况，无意间导致习惯性违章行为，从而引发事故。

事故案例

2011 年 7 月 30 日，某企业后勤部门的一名员工快下班时站在洒水车上冲洗综合楼的窗户及墙面。当工作结束后，该员工从车厢尾部的梯子上下来时，由于打滑，摔倒在地上，致使头部受伤。

（六）在工作中打闹易出事故

作业时间内，员工在作业场所打闹、嬉戏，操作机械设备时精力就会不集中，导致事故。与正在作业中的人交谈无关的内容或大声喧哗，势必会影响到作业人员操作，也极易引发事故。

事故案例

2019 年 6 月 9 日，某地一叉车司机准备使用叉车卸货时，相熟的同事跳到叉车上与司机嬉笑打闹，司机不小心误踩油门，叉车插到前方卸货的同事腰上，同事因伤势过重，经抢救无效死亡。

（七）夜间作业易出事故

夜间作业是安全生产事故的多发时段，此时管理松弛，职工思想容易麻痹松懈，加之夜间生物钟的影响，人很容易疲倦，形成安全盲区。

此时当员工单独作业时，容易发生习惯性违章行为，这是由于缺乏有效监督，放松了对自己的要求，很容易产生思想上的麻痹大意。

事故案例

2014 年 7 月 17 日，某化工企业上夜班的员工小王按照作业进程要求用物料管线向釜内加入叔丁胺液体，凌晨 3 时 20 分左右，他确认物料反应正常，就想先趴着睡一会，等物料加完就关闭阀门，结束加料。4 时 30 分左右，小王被刺鼻的气味呛醒，发现由于加料过多，化学反应剧烈，物料沿着放空管线溢出。小王马上去关阀门，结果因中毒导致身体不适昏倒在地。班长巡检发现后，立即启动应急响应程序，将小王送至医院，但经抢救无效死亡。

（八）交叉作业时易出事故

当同一个生产区域在同一个时间段内有两个以上单位（班组）同时作业，特别是有外来施工作业人员对生产区域的情况不熟悉，协调配合能力差，甚至还会造成彼此的相互干扰，极易产生安全事故。

事故案例

2019 年 3 月 9 日，某建设公司未按规范要求在电梯井内设置安全防护设施，组织交叉作业且管理协调不到位，致使切割断裂的拉结筋从 25 层经电梯井坠落至底层基坑，击中了在底层进行清理作业的员工，致其死亡。

（九）特殊天气易出事故

生产的安全时刻受到气象因素的影响，如高温、暴雨、台风、强对流天气等，极易导致生产设施、生产环境等出现问题，如果作业人员没有在特殊环境下采取特殊处理与应对措施，极易造成经济损失和人员伤亡。

事故案例

　　2020 年 6 月 10 日，在上海市奉贤区西渡镇的一家菜场内，三名工人站在移动的脚手架上进行电钻施工作业时发生触电事故，导致一死两伤。由于当时正在下雨，三人使用的电钻电线有破裂的状况，导致电钻的缺口漏电，在大雨的影响下与菜场的金属架形成了回路，从而导致触电事故。

（十）假期前后易出事故

节假日前后，一些职工沉浸在节日的欢乐气氛中，进入工作状态较慢，心不在焉，容易出现违章行为，放松对安全生产的警惕性，无法集中精力作业，容易发生事故。

事故案例

2017 年 2 月 17 日，某石化公司节后复产复工，员工在对汽柴油改质联合装置酸性水罐实施动火作业过程中，未检测分析酸性水罐内可燃气体情况就进行气焊切割作业，引发爆炸事故。

安全生产无捷径可走，但有规律可循！请大家一定要时刻谨记这些易出事故的诱因和时间节点，在关键节点要更加小心翼翼，不要越过安全红线、底线，时刻保证安全生产！

通过本章的学习我收获了以下几点。

1. _____

_____

2. _____

_____

3. _____

_____

4. _____

_____

经过对比，我们企业、班组、岗位目前安全工作中还存在以下几点不足。

1. _____

_____

2. _____

_____

3. _____

_____

在现有条件下，我们立即能做好的是以下几点。

1. _____

_____

2. _____

_____

第六章

安全作业程序是员工的护身符，严格遵循不越界

一、穿戴好劳保用品，严格按规程操作
——消除"万一"，须抓"一万"

零事故安全管理有一句名言：消除"万一"，需抓"一万"。

安全管理说难很难，需要做的事情千头万绪，但说容易也很容易，只需要员工做好以下三点：（1）保持安全意识；（2）穿戴好劳保用品；（3）严格按规程操作。其中第三条是安全管理关键中的关键。这方面的教训很多，一个麻痹或不小心就可能酿成大祸，让无数条鲜活的生命随风而逝！

事故案例

2021 年 10 月 12 日，镇江一小区内，管道维修工人由于安全绳断裂从 6 楼坠下，当场死亡。事后发现其身上的安全绳索只有一股，根本不足以承受一个人的重量。

为什么会出现这样低级的错误？

作为员工应该反思自己的安全意识，为什么不执行操作规程？

作为管理者也应该进行反思为什么没有制定出严密的操作程序，为什么没有据此对员工进行到位的培训，并对此进行严格的监督执行？

因此我的观点是：企业不可能分门别类地制定出各种各样的操作程序，比如质量、安全、成本等。其实这几种程序可以合为一种，因为安全、质量、成本等问题都是在具体操作中产生的，所以必须且只有在操作中才能得到控制、改善、解决。

安全工作程序能够帮助员工高效、安全地工作。

1. 安全工作程序内涵

工作内容：需要做的工作事项。

工作程序 = 步骤 + 标准

工作步骤：工作的先后次序；

工作标准：每一步工作的质量、安全、时间、动作等要求。

流程是解决岗位、部门之间的衔接和配合问题，而程序是处理单个岗位工作事项的效率和安全问题。企业精心制定出岗位安全工作程序，然后据此培训员工，员工严格按照标准执行，企业安全管理难题就会迎刃而解。

2. 安全工作程序编写

（1）两个关键。

编写、制定程序有两个关键：一是步骤划分要到位，一定要分解到不能再细分或不需细分的程度；二是标准的制定要具体、翔实，从管理的角度考量，需要约束什么、应该达到怎样的标准都要一一列明。

（2）五个步骤（以一线生产岗位为例）。

① 由一线班组长、各岗位员工自己撰写初稿，这是各岗位工作程序的起点。这样做有两个显而易见的好处：一是这样编写的岗位工作程序起源于一线，结合实际，避免了闭门造车，能够最终落地；二是通过编写岗位工作程序，能够锻炼和提高一线员工按程序作业的意识和技能，可谓一举两得。

② 编写指导小组审核初稿，提出修改意见，然后返回班组处修改。这个过程持续约三次。

③ 编写指导小组把班组反复修改后的初稿发往相关管理人员征求意见和建议。高、中、基层凡是涉及的都在征求之列。

④ 汇总意见，修改定稿。

⑤ 如有必要可进行行业对标，找一家行业内比较先进的企业，学习别人的操作，吸取其中先进、科学之处，以弥补自己的不足。

（3）一个细节。

如果暂不能把所有的程序都制定出来，那么先从哪个岗位、哪个工作事项开始编写呢？从长远来看，安全工作程序必然也必须覆盖所有的工作环节和工作事项。但从某些工作事项先开始编写是较合适的方式，这样做可以由点到面，逐渐铺开。

编写安全工作程序应从敏感岗位和敏感工作事项开始。敏感岗位和敏感工作事项指的是易出问题的岗位和易出差错的工作事项，这些工作事宜常常做不到位，时不时就会出大大小小的安全问题，搞得管理人员焦头烂额，员工胆战心惊。员工可以先规范好这些工作环节，在既定的轨道上运行，然后逐渐铺开，进而规范所有的工作环节。

某采油厂油矿保卫大队担负全矿员工野外作业的安全保护任务。由于采油工中女性居多，又是单独作业，加上工作在点多面广的野外进行，在巡查工作现场的过程中很容易受到不法侵害。对于油矿保卫大队来说，报警接线岗位就是敏感岗位，接听报警电话就是敏感工作事项。由于这个岗位近期招来了几个新员工，业务不是很熟练，加之工作本身的复杂性和紧张性，在接听报警电话时出现了很多问题。

比如听不清楚对方的情况介绍，包括危急程度、时间、地点等。往往当保卫队员匆匆忙忙赶到出事地点时，却发现跑错了地方。

当同时有几件报警事项需要处理时，新员工常常不能分清轻重缓急，导致保卫大队出警不力。比如，某事件已经发生，上午去处理也可以，下午去处理事件也不会扩大，可偏偏却通知保卫人员第一时间赶到现场，而最紧急的、晚一分钟去事态有可能恶化的事情却最后通知去，这样做的结果会造成事件的扩大和损失（**包括人身和财产**）的加剧。为此，保卫大队队长没少挨矿长的批评，甚至被警告如再不改进工作方式就要将其撤职处理。

在一次课堂上，我听了这位满腹委屈的队长的陈述，给了他一个建议。

企业对接线岗位的接听报警电话这一工作事项可以进行程序化管理。老员工、新员工和管理人员集体开会商讨当报警电话响起时接线员首先做什么、怎样问、怎样记录等，都一一列出来，精准制定出操作程序，打印出来，贴在接线员的工位旁，让其在工作过程中时时都能看得见。

通过这种程序化管理的方式，接线员既能保证工作效率，又确保了员工的安全。如果员工的工作岗位属于上面所说的敏感岗位范畴，那么就要积极参与编写岗位安全工作程序，这样做利好"你、我、他"。

加油站加卸油属于上面所说的敏感岗位或敏感工作事项，这个工作事项是最常规的工作，但风险性很高。

下面是中石化加油站卸油"十步法"程序的方法和步骤。

步骤一：引车到位。

（1）引导油罐车停在指定卸油位置，关闭引擎和电门，拉起手刹，提醒、确认司机拔出车钥匙；

（2）在车轮下放置三角木，阻断车辆的移动；

（3）检查油罐车安全状况有无异常，轮胎气压是否正常；

（4）检查油罐车工具箱、驾驶室等是否有小皮管、容器、铅封、铅封夹等物品。

步骤二：连接静电接地线。

（1）检查静电装置，确认完好；

（2）释放人体静电；

（3）静电接地夹与油罐车车体有效连接。

步骤三：安全防护。

（1）开始稳油 15 分钟；

（2）摆好警戒线、警示牌、消防器材（灭火器、石棉被等）；

（3）穿戴好个人防护用品。

步骤四：四确认。

（1）确认油罐车的铅封完好无缺；

（2）确认物料凭证的号码或交运单上的品种和数量、加油站名信息相符；

（3）确认加油机已经停止发油；

（4）确认储油地罐已空容。

步骤五：进货验收。

（1）检查地罐计量孔等操作孔盖已经关闭严密；

（2）确认已经稳油 15 分钟，登罐车观察液位是否到达标志线；

（3）取样细致观察来油质量，判断是否达到要求。

步骤六：卸油。

（1）司机将卸油管接在油罐车的出油接头上，卸油员将卸油管接在指定的卸油接头上，这时双方要进行"双确认"（油气回收装置是否连接使用，关闭安装阻火器的透气管）；

（2）开阀卸油；

（3）加油站在接卸油作业时，与其相接的加油机禁止加油。

步骤七：过程监控。

（1）查验油罐车罐面、卸油管和所有操作阀门、孔盖，无漏油、溢油的迹象；

（2）监护卸油现场，不允许任何闲杂人员进入现场，卸油员和司机不准离开卸油现场。

步骤八：卸后确认。

（1）登上油罐车的顶部检查确认油舱内的油品已经完全卸净；

（2）当把油罐车内的余油接尽后，通知司机及时关闭出油阀，把卸油管内的余油顺流到地罐内；

（3）收好静电接地线（确认油气回收装置是否复原，打开阻火器透气管球阀）。

步骤九：施打反向铅封。

给油罐车的出油阀施打反向铅封。

步骤十：卸后处置。

（1）引导油罐车出加油站，即时清理地面上的油污，收起警戒线、警示牌和消防器材；

（2）待稳油5分钟以后，开始测量地罐的后尺；

（3）通知该油罐相对应的加油机可以开始加油。

这是非表格形式的安全操作程序，比较自如一些；也可以把它套在表格里面，这样就相对严谨；还可以采用更加生动形象的图画版的形式，比如灭火器的使用程序。

消防队可以通过这样直观、形象的操作程序对广大市民进行消防器材使用方式的普及型教育。

丰田公司建有一个培训中心，为了加强安全管理，该中心组织专门的摄影小组深入企业内部，连续4年拍摄具有精湛技术的老工人的工作过程，并着重总结、提炼老工人娴熟的技术动作，然后通过图像直观地告诉新工人应该如何按标准、规范的动作操作，并且反复地强调按照这些老工人的作业方式去从事生产既可以增加产量，同时又能减少工伤事故。

借鉴丰田公司的做法，如果企业内或部门内某一个环节的操作不尽如人意，有一定的安全隐患或质量缺陷，这时就可以找一个技术最熟练的员工，以最标准的方式作业，用摄像机拍下他的作业过程，供其他员工观摩、学习，以提高安全系数和质量标准。

安全工作程序就是作业制度，是员工必须遵守的作业规定，同时也是管理者检查员工工作是否到位的依据。管理人员可以带上程序检查表一边观察一边确认，在相应的栏目内画钩、打叉，据此评价员工作业是否符合规范。

员工也可以据此自查，其实一线员工的自查、自纠一直是零事故安全管理最提倡的。只有每一个员工都成为自我安全管理的主体，安全管理的氛围才可以真正形成，零事故目标才有可能实现。

我再一次强调，员工严格按程序作业是确保安全、质量、成本的不二法则。下面的案例也印证了这一点。

案例

雷打不动的"十步法"

小王是某加油站副站长兼计量员，严格按照卸油"十步法"接卸油品是她多年来坚持的工作准则。

一天中午，一辆油罐车到达加油站。她认真核对出库单信息，稳油15分钟后登车计量，在对油品进行水高测量时，发现量油尺上的试水膏变红了。这时，油罐车司机不耐烦地说："小姑娘，不用量了，我是你们的老顾客，不会有问题的，快点卸吧！"

"师傅，您别急！该走的程序必须走完。"经过反复测量后，她确认罐车内有积水，随后从罐车内放出油样进行观察，发现油中含有大量的水杂和油泥。

　　她立即向站长反映，并向公司领导汇报。公司领导与物流中心及油库协商后，决定将这车柴油退回油库处理。雷打不动的卸油"十步法"像铜墙铁壁一样将问题油品挡在加油站外，避免了油品质量事故，同时规避了安全问题，不会因为使用问题油带来更多安全隐患。

　　安全、质量、成本、效率是紧密结合在一起的。提高工作质量就是保证安全，更是降低成本。一旦出任何问题，不管是安全还是质量，都会不可避免地带来损失。

　　严格按程序作业是确保安全、质量、成本、效率的不二法则。

二、精确制定操作程序，严格训练作业技能
——炼成零事故

（一）标准化的五大好处

"制定程序，严格执行"是企业内部操作标准化工作。标准化工作有如下几点好处。

（1）明确工作要求，告诉员工为了安全必须要这样做，如任何时候进入密闭空间作业都必须至少两人一组，一人在外面，一人进入内部作业，互相照应。

（2）技术保存，避免老员工一些好的做法和宝贵的经验随着调离岗位或退休而流失了，避免新员工进行艰苦的摸索，甚至是付出血的代价，重新学习。

（3）提高工作效率，明确告诉员工只有这样干，效率才最高，而且更安全。

（4）可以依据教材对新员工或业务不够熟练的员工进行培训，提高其操作技能。

（5）问题改善，操作程序是安全工作的标准，但这个标准永远

不是最好的，制定出来并不意味着一劳永逸，在使用的过程中需根据变化的情况对其不断改进：一是在实际使用过程中发现程序本身有不适合的地方；二是当面对的环境发生变化的时候（比如工艺变化、添置了新设备等），适时对其修正，不断提升，用日渐完美的标准去指导工作，就能达到更高的效率。

（二）严格训练保安全

熟练的操作是安全的最基本保证，需要刻苦地训练。依据程序的训练才是最标准的技能训练，也是最科学的训练，因为它是格式化的。

程序训练的具体方式有如下几点。

1. 自我训练

零事故管理强调每一个员工都是管理者，应能进行自我管理、自我超越。因此管理人员和员工的自我训练就是最重要的一种训练方式。

下面介绍的是 25 年零事故的公交车司机是怎样炼成的。

案例

武汉公交车司机张兵每天都走同样的路，开同一辆车，行驶80 余万公里，开公交车 25 年以来零投诉、零违章、零事故，成为公交车驾驶人员和市民心中的"排头兵"。

那么他有哪些绝活儿呢？

（1）开车稳，行车到终点能保持滴水不洒。

张兵出发时把一杯水放在驾驶台上，车开到终点时一滴都不会洒。乘客乘坐他驾驶的 501 路公交车，常常可以有幸看到这样的奇观。张兵回忆道，2001 年一位老人到菜场买菜回来时乘坐他驾驶的车，行驶中遇到一辆"麻木（武汉当地的一种机动三轮车）"横穿马路，张兵一脚急刹车，惯性导致老人买的豆腐破了。之后他便开始了一场"魔鬼训练"，他把喝水的杯子换成了没盖子的，出发时把一杯水放在驾驶台上，如果行车时不平稳，水杯中的水就会随着颠簸洒光，自己就会没水喝。经过长时间的苦练，现在他在起点把一杯水放在驾驶台上，到了终点几乎可以做到滴水不洒。

（2）停车准，准确距离站台 1 米处停车。

为了平稳快速进站，且把车靠边停稳、停直，张兵上班时带上一把豆子，如果有一个站停不稳，离站台的人字沟超过了 1 米，或者有上车的乘客因颠簸而站不稳，那么他就往纸盒里丢一颗豆子，下班后再慢慢思考、琢磨改进。

为了能够对准站牌平稳停车，他苦练驾驶本领，最后形成了一套标准的进站停车程序：离站 100 米时把车速降到 5 公里 / 小时左右，再缓慢地滑行；关门后，从车内后视镜察看上车的乘客已经入座或站稳后，再起步离站。

（3）验车狠，在行驶的路上几乎没有抛过锚。

除了按照公司规定严格对车辆进行"十检"以外，张兵每跑完一趟车，都会围着车辆转一圈，看车辆是否有漏水、漏油的现象，轮胎胎压是否正常，闻一闻轮毂是否有异味，摸一摸轮毂等部位的温度是否正常，摇一摇乘客座椅或扶手看看螺丝是否有松动……平日常见的公交车故障隐患统统都逃不出这样"围车一转，上车一看"。这样做目的是防患于未然，避免车辆发生故障，半路抛锚。

零事故就是这样在一招一式的严格要求中炼成的。

2. 一对一、一对多的训练

训练可以单独进行，但更多时候还是员工们在一块儿练，通过这种相互点评的方式，能够快速提高工作技能。

麦当劳素以提供快速、准确、友善的服务而著称。

按照麦当劳的管理标准，在顾客点完所有食品后，服务员必须在一分钟之内将食品准备好。

但这样快速的服务，怎样才能确保安全呢？这完全依赖于平时严格的训练。

麦当劳曾经开展过一场声势浩大的"挑战60秒"活动。服务人员在工作间隙两人一组或三人一组现场演练。一个人操作，其余的人观摩、点评，然后交替进行，发现不足就立即改进，再演练，直到符合标准。

3. 管理人员对下属的程序指导

优秀是教出来的，安全也是教出来的，管理人员是离下属最近的"老师"。

管理人员在日常工作中应该利用一切可能，跟下属讲解工作方法和要领，解答并帮助解决下属提出的疑难问题，培养下属按程序认真做事、安全做事的良好习惯。

管理人员应是一个好教练。教练教授的方法有如下四种。

方法一：我示范、你观察。

方法二：我指导、你试做。

方法三：你试做、我指导。

方法四：你汇报、我跟踪。

管理人员训练下属的具体步骤有以下四步。

（1）消除紧张情绪。

员工对一项新工作或不熟悉的工作，往往有几分紧张，新员工尤其如此。如果培训人员总板着面孔，那么被培训的员工往往会手足无措，结果会越紧张越错，越错越紧张。在正式的培训开始前，可先找一两个轻松的、无关工作的话题聊一聊，打消员工的紧张心理。员工心理放松了，培训就成功了一半。

（2）解说和示范。

先准备一份简单的资料给员工，让其对要培训的内容有一个大致的印象，然后再示范操作。

在操作时要将工作内容、要点做详细说明，应重点说明安全装置的操作注意事项和求生之道。解说时尽量使用通俗易懂的语言，必要时可多次示范。

（3）一起做和单独做。

管理人员解说和示范完成后，就可以与被培训的员工一起做。从第一步开始，每做完一步就让员工跟着一起做，每做一步都要对照结果进行比较，如有差异应找到原因，要求员工自己修正。每做对一步，立即口头表扬；关键的地方，要让员工复述，看是否掌握。

（4）确认和再指导。

观察被培训员工在没有人指导时的工作状况，看是否具备独立完成工作的能力，如果不具备，管理人员要对其进行再培训，具体包括：作业是否符合安全作业的要求；能否一个人独立完成工作；产生异常状况时能否独立修正。

为什么管理人员常常感到很忙、很累？是因为工作的着力点出了问题，他们往往目不转睛地盯紧某项事情，而忽略了"对人的培养"这一最关键的管理职能。由于下属做事的能力不高，导致问题（**很多是安全问题**）会源源不断地摆到他们面前，管理人员能够勉强招架已属不易。

4．集体演练

集体演练就是一个班组或一个部门所有员工集合在一起，分成小组进行某一环节的作业训练，这是更大范围的相互点评活动。这样的活动更能够集思广益，发现不足，即时纠正。还有很重要的一点，通过这种方式可以营造出更浓厚的安全氛围。

三、工作细化、控制点增多
——安全操作程序是零事故管理的有力抓手

　　安全操作程序为什么能确保安全，是零事故安全管理的有力抓手？从纯技术的角度能找到原因。

　　在企业安全管理中有两个一般性假设：一是管理对象是"坏人"；二是管理对象是"傻瓜"。

　　两个假设的目的是"坏人"做不了坏事，"傻瓜"做不了傻事。怎样才能达到上述设想呢？制定好工作程序并严格监督执行就是一个很好的方法，就像给员工修了一条轨道，让员工沿着轨道走，不至于跑偏、脱轨、出问题、出安全事故！

　　制定工作程序要细化工作，而细化工作就意味着控制点增多，较多的控制点一定比较少的控制点更加安全。

　　以换灯泡为例，如果过程仅仅分解为换灯泡前的辅助环节和换新灯泡这两个环节，那么控制点就只有两个。如果把过程细分为7步，那么就有7个控制点。很显然7个控制点远比两个控制点更能保证安全。如果7个动作都分解清楚，然后针对每个动作制定翔实的标准，规范员工的行为，那么每个动作出错误的概率就小很多，整体作业出问题的概率就大为减少。如果分解不清楚，将前四个合为一个，后三个合为一个，那么每个动作的标准就会模糊不清，每个动作出错的概率就会大增。以上两种情况如图 6-1 所示。

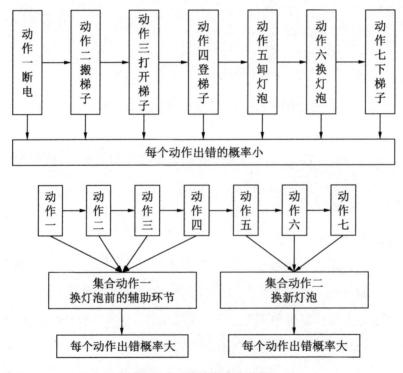

图 6-1　换灯泡动作分解

下一章结合安全工作分析，我们再详细说明通过换灯泡的细化作业程序以确保安全的作用机理。

通过本章的学习我收获了以下几点。

1. _____
_____

2. _____
_____

3. _____
_____

4. _____
_____

经过对比，我们企业、班组、岗位目前安全工作中还存在以下几点不足。

1. _____
_____

2. _____
_____

3. _____
_____

在现有条件下，我们立即能做好的是以下几点。

1. _____
_____

2. _____
_____

第七章

安全活动"小、巧、好"，安全隐患跑不了

一、高层、中层、基层、员工同携手
——少一个都不行

企业在零事故管理推进过程中要强调三个"动"：高层要行动，中层做推动，基层重活动。高、中、基层都在"动"，这就是零事故活动所指的全员参加，少一个都不行。

那么在零事故活动推进过程中，基层究竟应该怎样"动"呢？一线员工做什么呢？到底要参加哪些活动呢？

基层和一线员工不仅要参加安全学习班，还要参加员工们喜闻乐见（或者经过引导员工能够接受）的，既不枯燥又不乏味的各种活动。

基层为什么要开展这些活动呢？零事故管理体系认为麻痹大意、侥幸心理、捷径心理、意识恍惚等是人不可完全克服的，员工只能通过积极参加一些零事故活动来时刻警醒自己，帮助自己克服消极、惰性影响。

焊接作业对眼睛伤害比较大，大部分员工都会老老实实地使用眼睛保护装备。这个时候员工没有一丝一毫的侥幸。但是员工在大多数场景正常作业的时候，都会或多或少地存有侥幸心理。毕竟员工平常的工作环境相对安全，像焊接这样的作业少之又少，员工不遵章守纪受到伤害的可能性很小。

可能侥幸一时，却不可能侥幸一世，至少不是所有人都会那么幸运。各种条件同时具备，小概率发生的事故就会在这种侥幸心理状态下 100% 到来。所以说侥幸心理会害死人！

面临这样的安全局面，可能很多企业都采用"严管"和"重罚"的管理措施。

平时企业安全制度没少定，安全教育没少做，安全处罚没少抓，但就是落实不下去，执行力总是差强人意。这究竟是为什么？

企业在开展安全管理时常常会遇到一个很棘手的问题，即员工往往知道应该做，也知道怎样做，但就是不按标准做，忽视安全要求，导致重大事故频频发生。

"知道、会做，但不做"，其理由可能有以下几种情况。

（1）员工对是否有危险或危险程度大小概念模糊；

（2）员工在作业过程中由于精神及身体状态不佳，导致精力不集中，恍恍惚惚；

（3）员工对长期简单重复的操作产生厌倦、麻痹的思想；

（4）员工由于逆反、惰性对安全规章制度产生抵触心理。

抓反复、反复抓的安全管理实践表明，对于上述原因所引起的不安全行为，单纯依靠命令、指示、规定、教育、处罚等强制措施来防止是非常困难的，必须通过员工自主活动才能有效解决。

员工通过这些活动对风险始终保持高度敏感、戒备状态。对于安全，员工不是上级要求才去做，而是自己要强烈意识到会发生危险，出于自我保护的本能发自内心地去做。"要求做"和"主动做"，在效果和境界上有天壤之别。

零事故管理的一个根本特征是：一线员工要配合管理人员，共同努力把传统安全管理模式（被动的、行政强制的、应付检查的、事后处罚式的）变为以作业现场为阵地的主动、团队、超前的风险管理，这样做才能确保人和物都处于最安全状态，实现零事故的安全管理目标。

二、健康确认、危险预知、手指口述
——多多益善

在开展零事故管理的过程中，员工通过积极参加适当的活动，确保人处于最安全的意识状态，物（设备）处于最安全的工作状态，这样才能确保安全。

一线层面（车间、区队、班组）常常开展的零事故管理活动主要有以下9种，员工结合自己企业、部门、岗位的实际情况可以选择性地借鉴和变通式地引用，可以"改编"，决不能"照搬"。

1. 健康确认

因为人的健康状态每时每刻都在发生变化，所以不正常的身体状况会产生不安全行为，甚至直接导致事故以及伤害。

健康确认指现场管理人员或工作伙伴之间，在工作前的碰头例会或其他场合，通过"观察"和"询问"掌握每一名员工的健康状况，确认每一名员工身心是否健康，如有异常需要采取必要的措施，比如暂停作业等。

"观察"和"询问"需要重点关注以下方面。

观察的要点如下。

（1）姿势：腰板是挺直的吗？是不是垂头丧气？

（2）动作：是不是动作麻木？有没有拖泥带水？

（3）面部表情：是不是很有精神？开朗吗？有无浮肿？

（4）眼睛：清澈吗？充血了吗？

（5）对话：干脆吗？声音的大小、响亮程度与平常一样吗？

询问的要点如下。

（1）吃得好吗？

（2）睡得好吗？

（3）有没有哪里疼？

（4）有没有发烧？

（5）正在吃药吗？

（6）熬夜了吗？

（7）喝酒了吗？

（8）感觉怎么样？

虽然新冠肺炎疫情仍影响着人们的生活和出行，但是 2022 年的春节，各地人们依然过得有声有色。春节假期结束了，上班第一天，安徽一炼铁厂突发事故，导致 4 人不幸遇难。

事故案例

2022 年 2 月 7 日上午，安徽马鞍山市马钢炼铁总厂料仓发生事故，致 4 人不幸遇难、1 人受伤。

节后是事故高发时段，一些生产设备停产后重新启动或改变生产节奏容易发生机械故障，加上部分员工思想还停留在与亲友欢聚的节日气氛中，没有及时"收心"，导致思想松懈，安全生产意识弱化，很容易发生意外事故。此时发生事故主要是"物的不安全状态"与"人的不安全行为"这两种原因的叠加。

2. 静想两分钟

每位员工在作业开始前花两分钟时间回想、思考每项工作可能出现的风险及安全注意事项，尤其是风险比较大或者是不太熟悉的作业事项（如动火、电焊等）。这个活动的目的是避免匆忙中出现意外。我刚学会开车时，每当发动汽车之前都默想两分钟，熟悉一下路况、有关操作及安全注意事项等。

3. 一分钟默想法

"一分钟默想法"是把心理学的冥想法、呼吸法及松弛法合为一体，是一种放松心情的有效方法，它能帮助员工在紧张的工作中身心安宁，专注专一，避免心浮气躁，确保安全。

"一分钟默想法"步骤如下。

（1）挺直腰背，两手下垂；

（2）轻轻地闭上眼睛，用鼻子吸气；

（3）第三次呼吸时，边吸气边将两手弯曲到肩膀的位置，用力握拳，全身用力；

（4）微微低下头，慢慢呼气，两手顺势下垂，全身放松；

（5）安静地连续呼吸，将意识集中在下腹部；

（6）60秒后慢慢睁开眼睛，活动头部和肩膀，恢复身体至常态。

"一分钟默想法"通常在工作中间休息时进行。

员工自由活动结束后，全体员工集中在车间指定位置，比如车间园地旁等。班组长组织各自班组员工进行一分钟默想，缓解工作过程中的疲劳状态，放松身心，最后全体整齐划一地做一个动作，比如高呼一句口号，然后回到工作岗位。待全体员工准备就绪后，管理人员给出信号启动生产。

4."危险预知"活动

小孩子为什么常常做出一些在成人看来是非常危险、不合常理的举动？因为他们不知道危险，这就是所谓的"无知者无畏"。

安全管理应该让作业人员随时感觉到"危险就在身边"。

安全管理应该是一种自主自发的活动，是真正发自内心的行为。

同时，不能让这种发自内心的行为停留在"自己的身体自己保护"这一单人层面，还要通过团队活动这一媒介，依靠"大家来发现、大家来解决"的团队协作方式，提高到"大家的安全靠大家来维护"的层面，只有这样才能既不伤害别人又不被别人伤害。

只有像这样不断尝试的团队安全活动才能培养团队安全意识，每一个员工的安全才能得到切实保证。

"危险预知"活动就是这样一种举措。本书的核心思想是"风险预控"，零事故安全管理的核心是"超前预防"。

危险预知活动分为三个部分：班前危险预知；作业现场危险预知；巡回检查危险预知。

（1）班前危险预知。在班前会上利用几分钟的时间，由班组管理人员讲，或最好是由员工去讲，在作业的过程中曾经遇到过的吓一跳或者受到轻微伤害的情况，这种事例往往就是作业现场存在的最大隐患。

也可以让员工说出自己在作业时最害怕做的是哪一道工序，以及为什么害怕等。让大家一块在班前会出主意，想出相应的解决方法。

（2）作业现场危险预知。每班员工分成若干对，进行互保联保作业。每组员工在作业之前查找作业场所存在的隐患，检查完毕后两个人或若干人交流沟通，确认是隐患的要及时排除，不能排除的隐患告诉相关管理人员，进行跟踪解决。这个活动又叫"工具箱会议"，指的是员工们开完班前会后到作业现场，一同工作的小组人员面对具体作业环境聚在一起进行作业安全交底，现场现物更有针对性。所有员工开会时会坐在工具箱上进行三言两语的交流，所以形象地被称为"工具箱会议"。

（3）巡回检查危险预知。基层管理人员在每天的例行巡回检查过程中发现现场存在安全隐患，即时反馈给现场作业人员，引起重视，采取措施妥善解决，现场人员解决不了的请相关人员帮助解决。管理人员一定要多走多看，"少看一眼、少走一步、少一个环节"往往会产生安全生产中的"盲点"，"100-1=0"，"1"个没有看到的地方，有可能就是事故的隐患。一线员工要主动配合管理人员的巡检，发现苗头问题后即时沟通、汇报。

这样的危险预知活动既有团队协作又有小组配合，还有管理人员的查漏补缺，是真正意义上的群治群管。如果需要，也可以增加一个预知环节——班后的危险预知。时时处处预防是安全管理的不二法则。管理没有一定之规，只有结合实际的延展和创新。

5. 安全经验分享（*重点在于虚惊事件、未遂事件*）

安全经验分享是指员工将本人经历过的或听说的关于安全、环保和健康方面的典型经验、事故（*包括未遂事件*）、不安全状态、不安全行为、实用的安全常识等，在一定范围内与同事们分享，从而使典型经验、事故教训、安全知识等得到推广的一项活动。安全经验分享是以"分享活动"为主要形式，以"安全经验"为重要载体，以"提升安全意识"为最终目的的一项安全活动。

安全经验分享可穿插进行，比如安排在各种会议（*早班会*）、培训班等集体活动开始之前或过程之中，时间一般不宜过长，5 ~ 10分钟比较适宜。当然，如有必要也可以专门召开一次时间较长的安全经验分享会。

安全经验分享可以采用单一口述形式讲解，也可借助图片、照片、小视频等多媒体形式进行讲述。

安全经验分享应分为三部分：事件或事故的经过、原因分析、预防或控制措施。这样的结构能让表述更清晰，听者易于理解。

以下是开展安全经验分享的三个关键点。

（1）重点在于虚惊事件。

虚惊事件是指并没有造成人员和财产损失的事件。

虚惊事件主要有三类：身体上的、精神上的、预想的。

例如，由于设备保养不到位，巡检制度没有认真执行，造成运转泵的润滑油有轻微的泄露，并在附近的地面形成了一个光滑的表面。操作员甲经过时差点滑倒，或滑倒但安然无恙，这就是一个虚惊事件；操作员乙在经过时不幸跌倒，造成了骨折，这就是一个伤害事故。

　　为什么说安全经验分享的重点在于虚惊事件呢？因为只有抓住虚惊事件这个"牛鼻子"，才能真正防患于未然，避免事故的发生，实现零事故的目标。

　　员工们在虚惊事件中，即使没受伤，也一定有不同程度的体验、经验、感悟。员工只有把这些珍贵的体验告诉大家，和大家共同分析原因、寻找对策，才能发现并解决潜在的安全隐患，把安全问题控制在萌芽状态。

　　在这个过程中，如果员工们能从中吸取教训（**正反两方面**），那么就可以防止重大事故的发生，打造一个安全的职场。

　　众所周知，安全上有一个著名的海恩法则。该法则认为，每一起严重事故的背后，必然有 29 次轻微事故和 300 起未遂先兆以及1000 起事故隐患，如图 7-1 所示。

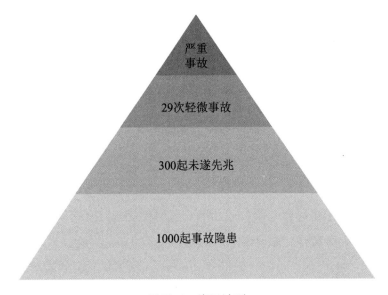

严重事故

29次轻微事故

300起未遂先兆

1000起事故隐患

图 7-1　海恩法则

从这个法则可以看出，当一件重大事故发生后，我们在处理事故本身的同时，还要及时对同类问题的"事故征兆"和"事故苗头"进行排查处理，以此防止类似问题的重复发生，及时消除再次发生重大事故的隐患，把问题解决在萌芽状态。倒过来看，可以得出一个十分重要的事故预防原理：要预防死亡重伤害事故，必须预防轻伤害事件；预防轻伤害事件，必须预防无伤害虚惊事件，以此类推。

为什么企业要注重对虚惊事件的管理呢？第一是因为虚惊事件下一步可能发展为重大伤害，不可能永远有好运气。第二是因为很多员工存在侥幸心理，很少将这类事件上报，容易形成一个个"定时炸弹"，一旦爆炸，后果非常严重。

有漏洞就必须堵上，不能有一丝一毫的疏漏。

目前很多企业从制度上鼓励员工分享虚惊事件：第一，通过安全教育从意识上提高员工对虚惊事件的重视。第二，消除员工的顾虑。虚惊事件往往隐含着"三违"行为，企业管理人员应公开承诺：员工主动分享虚惊事件，不管有无违纪，不批评、不扣分、不罚款。

员工通过分享虚惊事件，可以感受经过、查明原因、采取预防措施，远比罚款重要。

对于总结出经典案例的员工，企业不但不罚款，还会给予适当奖励，对安全管理起到很好的效果。

（2）要考虑受众。安全经验分享选取的题材要考虑分享对象，要与听众的工作生活有交集，要让他们感同身受。只有这样听众才能听得懂，才会喜欢听、能理解、受启发。这样的安全经验分享才有效果。

（3）要讨论。如果时间允许，在每一个分享结束的时候，现场全员要进行一个简短的讨论，这样可以避免讲述者唱"独角戏"，同时也能够点燃大家参与的激情，让安全分享起到教育、启发的作用。

案例

工人小程在一次闲聊时抱怨三轮车非常难骑，每次检修运送工具设备都很费力，有时候他真想踹两脚车子，可又怕踹坏车子。班组杨师傅听了后就把这件事记在了心里。他抽出时间和小程把三轮车拆开，整个维修保养了一遍，车子骑起来轻巧多了，小程心花怒放地骑着车在院子里转圈。

"小程经常骑三轮车来回拉工具设备，车况不好影响工作效率，同时严重影响小程的情绪，他工作时郁闷烦躁，就会精力不集中，有可能导致一些不安全的行为出现，存在安全隐患。及时修理三轮车既提高了劳动效率，又避免了由一个简单的小问题引发的员工情绪波动，消除了工作中的不安全因素。"

以上是安全员小王在班组早班会上分享的一个案例。

"小王说得非常好，情绪对人的思想、行为的影响非常大，希望各位员工都能像小王这样深入剖析，主动解决工作中存在的各种问题，尤其是隐藏很深的情绪问题，及时消除不安全因素是我们抓好安全管理工作的一个基本出发点。"张班长总结道。

安全管理要关心、关注员工的情绪问题，这类问题细微且不易发觉，往往容易忽略。情绪问题导致企业发生了很多安全事故：有一个电力企业员工前一天晚上和妻子大吵一架，没有休息好。第二天他带着恶劣的心情上班，在登高作业时因操作不当不慎发生触电事故，失去了宝贵的生命。

某些企业有一个制度规定：员工可以请"情绪假"。员工如果因为工作、家庭等种种问题导致心情糟糕，不能集中精力正常、安全地工作，可以请"情绪假"，待心情调整后再复工。

6.活力班前会

班前会很重要，是企业日常管理最常用的工具。

班前会有三大作用：第一，布置工作；第二，强调安全；第三，提升士气。

下面是白国周组织的班前会的具体流程。

（1）值班领导点名，布置工作；

（2）班长讲评值班安全生产注意事项；

（3）员工对有关工作和安全注意事项进行点评；

（4）班长带领全体班员进行安全宣誓；

（5）员工穿戴好工装劳保用品后，在班长的带领下集体下井。

班前会流程非常简单，没有一丝一毫的新奇之处，但白国周一坚持就是几十年，难能可贵！

每次班前会必不可少的一项内容就是入井前的宣誓：做本质安全人，上本质安全岗，为了家庭幸福，为了企业发展，珍爱生命，决不违章！

每次都是白国周带头，其他班员跟随。众人都举起右手，把这几句说了无数次的话坚定有力地再诵读一遍。

二十多年，每年几百次入井，次次如此。

当然，也可以通过例会设计，让班前会变得灵活多变、活泼有趣，对员工产生吸引力，由"必须开"变为"我想开"！

例会设计就是设计例会的流程，把会议每一步做的工作清清楚楚地写出来。下面是某销售部门的早会流程。

（1）检查仪容仪表：由部门领班利用目测和巡视的方法检查员工的仪容仪表，并将不合格的员工记录备案。

（2）各小组报告人数：以小组为单位迅速核对人数。

（3）每日一娱：员工轮流主持一个能够调动大家激情的节目，或自己表演，或和大家一起活动，形式不限。节目类型可以是歌曲、舞蹈、小品、游戏、猜谜语等。

（4）昨日工作点评：主管对前一天业务进行精要点评，点评的着力点有"好的方面"和"需改进的地方"。"销售之星"名单上墙，把最优秀的员工名字写进表扬栏。

（5）案例研讨：每日选取一个销售案例，由当事人自我解剖，通过典型引路，经验共享，让大家在早会上学到技能。

（6）一对一辅导和训练：小组内业务搭档之间互相交流，主要是老员工为新员工答疑解惑。

（7）今日的计划和工作安排：部门经理对当天工作做出安排。

（8）角色扮演和话术演练：每日分角色模拟演练销售情境。

上面的早会流程有以下几个特点。

（1）提振士气。

早会不仅布置工作、总结业务，还能调节员工心情、提振士气。一日之计在于晨，一天开始的时候有一个好的心情是很重要的，昂扬向上的员工特别能"打胜仗"。

（2）引起兴趣。

早会流程中"每日一娱"有别于其他公司喊口号等形式，这个环节每天的内容和形式都是变化的。没有人知道轮值的人会在第二天的早会上带来什么样的意外惊喜，因此员工们一定会满怀期待。

（3）传授技能。

早会不光有娱乐，还能学到技能，这一点在这个早会流程里体现得更加充分。八个模块里有三个都是在分享和培训，而且形式多样，毫不枯燥。

尽管有以上所列的不少优点，这个早会流程还可以因时、因地改进，精细化管理不就是提倡持续改善吗？

销售部门的早会流程与生产部门的班前会有着很大区别。生产部门的班前会一般时间很短，不可能有这么多形式和内容，因此决不能照搬、套用。

生产部门可以结合自己的实际情况合理借鉴，例如在班前会上做个简短的安全小培训（内容可变），做一个符合员工特点的士气提升活动（内容可变）等，其实这些活动并不占用很多时间，完全可以"因时制宜"地开展。

只有这样，员工才会发自内心地愿意参加，才可能调动起员工工作的激情，这才是"活力班前会"的目的所在。

7. 安全管理改善活动

安全管理离不开改善，而且应持续不断、渐进式地改进。丰田公司数十年来一直在这样做。

改善是小组活动，由大家根据项目需要、兴趣爱好等自由组合。

改善小组活动程序如下。

（1）选题：选题应立足中心工作，着力解决安全生产的薄弱环节。刚开始的时候应选择投入少、时间短、见效快的项目实施改善，让员工们能比较快地看到此项活动带来的好处，以增强他们参与改善的信心。

某企业生产部门在开展安全改善活动的初期，员工们把污染源作为改善的对象。因为废气、废水、废渣、油污、噪音等常见的污染源对安全生产影响大，又比较容易上手解决，改善后立即能看到成效，且对员工的身心健康大有好处，能够提振士气，增强员工投身改善的积极性。

（2）确定目标：量化小组工作目标，以便于检查工作进度，利于衡量工作成果。

（3）调查现状：为了了解目前状况，必须认真做好调查。在进行现状调查时应根据实际情况使用不同的工具，如调查表、排列图、折线图、柱状图、直方图、饼分图等，进行翔实的资料搜集整理。

（4）分析原因：掌握现状的目的是明确问题背后的原因。全体组员动脑筋、想办法，集中起来开个"诸葛亮会"，集思广益，找出问题的原因，根据关键少数、次要多数的原则找出主要原因。

（5）制定措施：主要原因确定后制定相应的改善措施，要明确谁来做、什么时候开始、何时完成、检查人等。这个时候有一张分配任务的小表格就更好了。

（6）实施措施：按计划分工实施，小组长要组织成员研究实施情况，发现新问题要采取措施解决，以达到活动目标。

（7）检查效果：改进措施实施后，应检查效果，把措施实施前后的情况进行对比，看实施后的效果是否达到了预定的目标。

（8）分析遗留问题：一劳永逸地解决所有问题是不可能的，对遗留问题进行分析并将其作为下一次活动的课题，进入新的循环。

（9）总结成果资料：小组对活动成果进行总结能够促进自我提高，是成果发表的必要准备；同时也是总结经验、找出问题并进行下一个循环的开始。

改善追求的是结果，不管是小组改善活动还是改善大课题，都要做最终成果的说明和发布。

成果发布会的内容一般包括成果介绍、成果评比、成果奖励三个相关环节。在成果介绍的时候，介绍人应利用图表、小视频等形式把改善的效果直观地展现在参会人员面前，以加深人们的印象。

成果应体现在现场实际改善的绩效中，比如某设备比原来好用且更加安全了；某个制造流程节省了多少时间，员工工作量减轻了多少等。

评比与奖励是最不应该缺少的环节，只有评比才有竞争，才能形成"比、学、赶、帮、超"的动力。小改善小奖，大成果大奖。只有这样，全员改善、全员安全的氛围才能慢慢形成。

8. 手指口述活动

有人把虚惊提案、危险预知和手指口述称为零事故活动的"三板斧"。

实践证明，手指口述是很有效的一种自我安全管理方式。

过去我出门时，常常下楼后忘记门是否锁好、饮水机电源是否关掉，又匆忙跑上楼，结果发现都关好了，再跑下楼，有时赶时间，累得我上气不接下气。后来我引用手指口述，每当离开家时确认。饮水机关掉，电灯关掉，门已锁好。经过手指口述，跑上跑下的事情再也没有发生过。

手指口述时，双眼直视对象，将手指向自己要确认的对象，清晰地喊出确认安全的内容，一定要清晰、具体。比如：不要说温度正常，确认安全！最好是说温度25℃，确认安全！

手指口述的作用有以下几点。

（1）帮助操作者持久地保持高度注意力。

员工在生产作业过程中日复一日地从事单调、枯燥的工作事项，缺乏变化与刺激。操作者都会产生麻痹、倦怠、注意力分散等心理状况。手指口述通过手指来引导眼看、耳听、心想，达成心（脑）、眼、耳、口、手的集中联动，能够使操作者的注意力强制集中。

（2）增强作业员工的定力和稳定性，排除工作中的各种干扰因素。

员工在持续作业的过程中常常会出现各种各样的干扰因素：生理上的不适，因疲惫、劳累导致的体能下降；情绪波动引发的心态失衡；对其他人和事的关注、好奇引发的注意力分散；因噪音、潮湿、风、阴暗等环境因素导致的身心不适；伴随嫉妒、羡慕、恨而来的分心走神；贪求安逸、侥幸麻痹产生的违章冲动等。手指口述可以帮助作业者排除各种干扰，集中精力生产。

（3）快速启动作业，使操作人员迅速进入状态。

经常可以看到这样的情形：都已经开工作业一段时间了，作业人员还在那里慢慢腾腾，久久不能进入工作的状态。通过手指口述的方式，让员工以最快的速度把自己的"眼、耳、身、心"全部集中到操作中，既能有效地保证安全，又能提高工作效率。

（4）强化操作人员严格按操作程序作业。

通过手指口述让员工系统地检查劳保用品，逐一点检设施装备，认真核稽必用的工具材料，检查它们是否具备了正规操作和安全作业的条件。通过手指口述，员工能够避免注意力空白和盲区、防止作业开始后丢三落四、顾此失彼。

通过手指口述，让操作人员在作业过程中不漏步骤、不缺环节，无误差、偏差，一丝不苟地按程序操作到位。有些操作是非常关键的，一次操作失误就会引发灾难性的后果。

（5）帮助操作者灵活机动地应对复杂多变的作业现场。

作业现场的情况每时每刻都在变化。动态的人机系统和环境条件随时都需要员工做出正确的预判和选择。在对大量的事故原因分析后发现，走神、侥幸、恍惚、烦躁是产生事故的最大根源。通过在作业现场进行手指口述，对作业人员的大脑形成持久、强烈的刺激，避免因想错、看错、听错而导致操作失误，达到规范约束员工作业行为和确保安全的目的。

（6）帮助作业者减少疑虑。

在巨大的安全责任的压力下，员工对每天都从事的再熟悉不过的操作也会产生怀疑。比如设备仪表盘上有很多按钮，在下一步的操作中应该按下哪一个？在员工精神高度紧张的情况下，会怀疑自己本来正确的判断和选择。

如果员工处于孤独的作业环境中，这样的惶恐更会加剧。

通过手指口述，员工在经过口、脑、眼、耳、手的联合确认后，就能帮助作业人员彻底地解除担忧，放心大胆地去操作。

手指口述确实好处多多，但在很多企业推行时往往是虎头蛇尾，善始善终得少。

其中最主要的原因有三点：一是管理层没有持久推动的决心和意志；二是没有向一线员工切实解释手指口述的意义、作用和推行的必要性等；三是基层员工的抵触、排斥心理。

为什么员工会对手指口述有抵触心理呢？进一步分析原因有以下几点。

（1）新事务。任何新生事物的出现都会有一个被认识、接受与认同的过程，再好的措施、办法在推行之初都不一定畅行无阻、一帆风顺。

（2）差不多。员工受传统文化的影响很深，满足于"差不多"，不追求精确。对于手指口述安全确认法，很多员工认为多此一举，怀有很强的抵触情绪。

（3）难为情。部分员工认为在工作中边干边说有些难为情，甚至有些管理人员也有抵触情绪，不愿意接受。

（4）文化低。很多一线员工（*尤其是矿业*）文化基础薄弱，掌握既要理解又要记忆的手指口述工作方式确实有一定的难度。

（5）没有用。很多员工，包括一部分管理人员也认为手指口述是形式主义，根本没有用，额外增加员工负担。

怎样解决这些问题？怎样让员工积极投入手指口述的活动中来呢？员工如果只是害怕考核而勉强应付，那么手指口述活动就是形式主义，没有任何意义，这反过来还会加剧员工"没用"的心理定势。因此让员工愿意、乐于参与就是手指口述活动开展成或败的关键！以下是推广手指口述活动的一些要点和注意事项。

（1）造势。

任何新生事物都有一个被接受、认可的过程，手指口述也不例外。管理者在这一过程中要善于"造势"，教育培训就是一个很好的"造势"手段。

它的重点是把手指口述对企业，尤其是对员工个人的好处讲清楚，这样员工就会慢慢接受，自觉在工作现场进行手指口述。

① 会议：企业要利用领导班子会、中层干部互动会、职工动员会等进行宣传，统一认识。只有上下齐心，才能形成合力。

② 培训课：可以把手指口述作为培训内容之一，通过培训的形式让员工潜移默化地接受，这比强制接受要好很多。尤其是让企业外部的老师来讲，效果会更好一些，因为对于外来的老师，员工的抵触心理会小很多，相对更容易接受。

③ 板报：手指口述的核心是一线员工，采用贴近这些员工的宣传方式能收到良好的效果，比如板报。在各基层都有不同形式的黑板、白板等，应该好好利用它们，用通俗易懂、幽默风趣的形式把手指口述的意义、作用、操作技巧向员工说清楚，讲明白。

④ 信息：利用现代信息手段宣传手指口述，教育引导广大员工，比如网站、各种社群等。这些载体内容形式多样，图文并茂，可以时时在线，即时传送，宣传效果很好。

⑤ 娱乐：现代人的压力都很大，更喜欢接受轻松愉快的东西。采用一些娱乐的方式说服员工，肯定比板起面孔教育员工效果要好很多，例如演讲比赛、歌曲、相声、小品等形式都可以。

下面是一个关于手指口述的相声片段，它是基层员工自己创作并在企业文艺汇演中表演的，在一线员工中引起很大反响。

甲：你好，今天当大家面问你个常识性的问题。

乙：嚯！什么常识性的问题还当着大家的面，要是特殊问题你不得拿着喇叭满街吆喝呀？

甲：瞧你说的，上来就杠头呀你？

乙：有什么问题你就快问吧！

甲：那我问你，知道"手指口述"吗？

乙：就这问题呀，我什么不知道？杨树、柳树、梧桐树、泡桐树，你说什么树？就连福建武夷山那三棵大红袍茶树，我不仅知道，还亲自留过影呢。

甲：什么这树那树乱七八糟的，那叫"手指口述"，是"叙述"的"述"。

乙：是这么个"手指口述"呀。你甭说，这我还真不知道。

甲：这你都不知道？

乙：废话，我可不在煤矿工作，怎么能知道呢？

甲：也难怪。告诉你吧，是咱们煤矿推行的一种安全管理法。

乙：能不能给我介绍一下什么是"手指口述"管理法？

甲：当然可以了。"手指口述"管理法是咱们矿区推行的一种非常有效的安全管理法，它是按照煤矿各工种岗位精细化管理的要求，作业人员通过心想、眼看、手指、口述对每一道工序进行安全确认，它可以使人的注意力和物的可靠性达到高度统一，从而避免"三违"，消除隐患、杜绝事故。

乙：呵！够神奇的。

甲：据说这"手指口述"管理法还是从日本进口的哪。

乙：哦，这还有进口的吗？

甲：那有什么稀奇的，这就叫他山之石，可以攻玉嘛！何况安全管理方法理念本身就是无国界的。

乙：那是，请问"手指口述"都是怎么个做法？

甲：我演示一下你瞧瞧。

乙：好呀，大家看看是怎么个"手指口述"法的。

甲：比如说吧，我是电工，现在需要停电作业。

乙：哦，停电就是了，哪需要什么"手指口述"？

甲：是呀，以前停就停了，也不进行安全确认。现在不行了，要经过检查确认电停了以后才能进入下一个环节。

乙：哦，是为了防止麻痹大意出差错。

甲：那是，现在我开始做，你看好了啊！先把电停了，然后就这样（学做手指口述），开关电已停，确认完毕！

乙：呵！瞧这动作表情还挺认真严肃的。

甲：那当然了，安全为了自己，也为了大家，不严肃认真行吗？

乙：是呀，我们知道，经这么一检查确认，不仅提醒了自己，还提醒了大家，避免了工作上的失误，同时也振奋了精神。

（2）化解。

化解就是融化、解决的意思，即采用一些巧妙的办法去处理面临的问题。

管理者要先听听员工对手指口述有哪些想法，然后采用疏导的方法化解各种不利因素，让员工正确认识并乐于接受手指口述操作法。这里要先听后说，而不是一上来就教训人。只有善于倾听，才能因势利导，避免因工作方法的简单、粗暴造成员工的误解、对立、逆反等心理，使手指口述工作无法真正落到实处，影响安全生产。

（3）手指口述文本要简单、实用。

各企业在推行手指口述时都编写了各岗位适用的文本。文本必须通俗实用，绝不能照抄照搬，拿来就用，力避鹦鹉学舌、东施效颦；文本编写要紧密结合企业、岗位实际，要考虑受众的文化状况和接受能力；要按照"科学、简洁、实用、高效"的原则，在抓住实质与核心内容的前提下，有指向性地对安全确认的主要内容、标准与程序进行细化、总结、提炼；在内容上要重点突出各工种的作业程序、安全注意要点等。

在文字应用方面应口语化、生活化、简明化，只有这样才便于员工学习与实际操作。

太复杂的东西肯定不利于推广！当设备、工艺及现场作业环境发生较大变化时，应当对手指口述文本进行适时修订。

在编写手指口述文本时，所有员工要积极参与进来！

（4）先试点、后推广。

同任何新生事物的引进一样，手指口述的推广也应"以点带面、逐步扩展"。前期选择的"点"应该满足下面两个条件。

① 急需，即安全管理的关键环节，比如电网公司的配送电工序等。

② 基础好，基础好主要指人员的素质，素质好，推行起来就相对容易，能够起到示范作用。

人员素质好有两个标志：年龄低些，文化高点。

（5）严格考核不走样。

既然决心做管理层就要有持久推动的决心和意志。要么不做，要做就要做到最好。

一要逐级建立实施手指口述的检查办法，明确检查内容、方式和方法，在实践摸索中不断健全与完善。尽量利用信息化监控这一有效手段，暂不具备信息化监控条件的作业场所要确定专人负责。

二要严格考核。手指口述安全确认是必须执行的安全管理制度，要对执行情况监督考核。在推行之初就应确定谁来监督，包括做得好的怎样奖、做得不到位的如何罚。不光考核员工，更应将各级负责人作为重点考核对象。

上面所讲的确保手指口述安全确认推进的建议，可以用三段话来概括：标准制定要"精"，氛围营造要"亲"（**亲切、自然，员工不产生强烈的对立思想**），监督考核要"实"（**落实**）。

其实，企业大大小小的工作推动都要遵循这一基本原则，要素绝不能缺，缺任何一项都会造成执行不力。

现在很多企业开展手指口述活动时，不像刚开始时在企业各岗位或生产的所有环节全面铺开，都是选择很关键的生产环节来开展，这些关键环节有几个共同特征：非常重要、易出差错、安全作业压力大。在这些环节作业，员工十分害怕出错误，作业时压力很大，通过手指口述能明显减轻作业人员的工作压力。

9. 风险预控卡

安全工作分析（JSA）是对员工所做的某件工作事项进行安全风险分析。把通过分析得出的好措施、好办法固化在安全操作程序里面，确保操作程序严谨、科学，避免操作程序不安全的现象出现。

岗位安全工作分析还有一个更重要的作用，那就是"警醒"员工。

事故案例

在美国，有一个机械师在多年来日常作业的过程中，一直是用手把6寸宽的皮带挂到29寸左右正在旋转的皮带轮上。在某一次的操作中，他站在有些摇晃的梯板上，当时又穿了一件宽大的长袖工作服，没有按照标准使用拨皮带的杆，被皮带轮绞入机器而致死。这位机械师的操作有四个不良问题：一是作业时站在摇晃的梯板上，二是穿着宽松的长袖工作服，三是作业时不按规定使用拨皮带的杆，四是皮带轮正在旋转。事故的调查结果表明，他这种错误的上皮带方法每天都在使用，已达数年之久。查阅他五年以来的就医记录，发现他在几年之内有多达33次的手臂擦伤处理的治疗记录。

这位机械师不知道有危险吗？显然不是，33次手臂擦伤足以证明他的操作是有危险的。

侥幸和麻痹让他认为这只是一些小问题，没有大碍。

员工意识不到严重的风险是一个很大的问题，多少惨烈的事故都因此发生。采取什么办法让员工有一个清醒的认识呢？安全工作分析是一个"好工具"。

通过进行岗位安全工作分析,员工真实地"触摸"到风险和隐患,操作时就会百倍的小心在意。尤其是员工们就某一个工作事项进行探讨时，效果更好，警醒的作用更强。员工们你一言我一语，你一个案例我一个事件，风险呈现得更具体、直观、醒目，更能给人留下刻骨铭心的印象。

怎样进行安全工作分析呢？

如何选择要进行安全工作分析的项目？下面是一些基本的标准。

（1）新岗位、新机器、新工艺、新环境的作业，非正常或临时性作业，比如偶尔进行的有限空间作业。

（2）无程序控制的作业，如无操作规程、无作业程序、无安全标准等。

（3）现有的标准或程序不能有效控制风险的作业，已有的标准或程序太简单，或与实际状况不贴合。

（4）重新编制或变更操作规程。

（5）编制施工方案或检修方案。

（6）可能或曾经造成重伤、死亡、严重职业危害或较大财产损失事故的作业。

凡是没有做过岗位安全工作分析又具有一定危险性的岗位都有必要纳入岗位安全工作分析的范畴。

需进行安全工作分析的具体工作事项如：临时用电、进入有限空间作业、高处作业、吊装作业、长途搬迁、动火作业（火焰／火花）等。

安全工作分析的好处有以下几点。

（1）风险管理能够细化到每一个具体作业环节；

（2）由作业人员管理自己作业中的风险；

（3）通过参与安全工作分析的沟通、讨论、编写,能够提高员工的日常作业风险控制能力;

（4）消除工作场所中不安全、不合理、不经济的作业方式。

要特别注意的是,工作安全分析过程本身就是一个培训过程。

工作安全分析的步骤如下。

第一步:把工作分解成具体子任务或步骤。

分解步骤时应注意不可过于笼统;不可过于细节化;可参照原来的标准操作程序分解。待分析的工作事项原则上不能超过十步,超过十步的就应分为两个单独工作事项。

第二步:识别工作进程中每一步骤的危害。

引起人员伤害或对人员的健康造成负面影响的都称为危害。识别危害时应从人员、设备、材料、环境、方法五个方面充分考虑。危害因素的类别有:物理性的危害,化学性的危害,生物性的危害,心理性、生理性的危害,行为性的危害,其他危害（如环境）。

下面是具体的说明。

（1）物理性的危害因素:电力危害、电磁辐射、噪音、低温和高温物质、气溶胶与粉尘。

（2）化学性危害因素:易燃易爆性物质、有毒物质、自燃物质、腐蚀物质（固体、液体,气体）。

侵入人体的方式有吞咽（口）、吸入（皮肤）、吸入（呼吸）、化学危害包括中毒、爆炸、燃烧、氧化、化学性灼伤、过敏、刺激、生物性突变、再生、引起癌变。

（3）生物性危害因素:传染病媒介物（肝炎）、细菌、病毒、致害植物、致害动物。

（4）生理性、心理性危害因素：负荷超过极限、从事禁忌作业、健康状态异常、心理异常、辨识功能障碍。

（5）行为性危害因素：指挥错误、操作失误、监护失误、其他错误。

（6）环境危害因素：释放、溢出污染环境的产品、土壤、地下水、废物。

第三步：评估风险。

风险 = 严重性 × 可能性

严重性，指事故后果的严重程度，也就是事故可能造成人身伤害与财产损失的大小。

可能性，即事故发生的概率。

员工可以采用下面的风险矩阵表来判别，如表7-1所示。

表 7-1　风险矩阵表

严重性	可能造成的后果				发生的可能性				
	人员伤害	环境影响	财产损失	社会影响	1	2	3	4	5
轻微	急救包扎事件	环境影响较小，采取简单的措施即可恢复	< 50000 元	局限在小范围内	1	2	3	4	5
一般	医疗事件	影响较小，需要采用一定的技术手段或资源才能恢复	50000 元 ~ 100000 元	单位范围内造成影响	2	4	6	8	10
中等	轻伤	环境污染或损坏对员工和作业区域造成影响，需要采用一定的技术手段或资源才能控制或恢复	100000 元 ~ 500000 元	企业范围内造成影响	3	6	9	12	15
严重	重伤	环境污染或损坏对员工和作业区域造成较大影响，需要采用专门的技术或资源才能控制或恢复	500000 元 ~ 1000000 元	在行业内造成影响	4	8	12	16	20

续表

严重性	可能造成的后果				发生的可能性				
	人员伤害	环境影响	财产损失	社会影响	1	2	3	4	5
非常严重	死亡	环境污染或损坏对周边公众和作业区域外的环境造成重大影响	≥ 1000000 元	在国际上造成影响	5	10	15	20	25

发生的可能性：
① 不可能发生（行业内没有发生过此类事故）
② 可能性比较低（BGP 没有发生过此类事故）
③ 可能发生（BGP 曾经发生过此类事故）
④ 可能性较高（BGP 近三年发生过此类事故）
⑤ 非常可能发生（BGP 每年均发生此类事故）

风险等级：
① 深色区域为高风险，白色区域为中风险，灰色区域为低风险
② 风险等级高时，不得进行相应的活动或作业；风险等级为中风险时，持续加强监督管理；风险等级低时，应采取必要的控制措施

注：
① 判定可能性还应综合考虑人员意识、人员的经验和培训、控制程序、装备和防护用具等情况
② 人员伤害、环境危害、财产损失和社会影响的严重性之间没有同等关系，如发生医疗处理事件并不等同于财产损失 ≥ 5 万元
③ 评价中应优先考虑人员伤害后果

第四步：制定风险控制措施，指的是利用现有的条件，采取什么样的措施能把风险程度控制在最低。

可以采取的具体措施如下。

（1）消除：消除风险，采用技术等手段从源头上去除风险，例如用机械装置取代手工操作，把压缩机从工作场所的室内移到室外以减少噪音。

（2）替代：采用一些新的替代品和新的作业方式规避风险。例如利用小包裹来取代一些不合理的包装方法，减少人工操作可能带来的风险；使用危害更小的材料或者工艺设备降低物件的大小或重量；使用机械手、自动控制器代替人的操作等。

（3）减少：采取措施把风险降低到最小。有些风险是没有办法完全消除的，只能把风险控制在可以接受的水平，这是风险控制的常态，具体削减措施如下。

① 工程控制：采用工程技术手段降低风险。比如在机器设备上加防护栏；在特殊情况下对动力装置上锁，避免事故发生等。

② 管理控制：利用管理手段削减风险。如操作程序、工作许可、检查单、减少暴露时间等。

③ 防护设备：穿戴好劳保用品，个人防护用品必须适用、充足，满足完成工作任务的需要。劳保用品不是风险控制的第一选择，但它是确保安全的最后一道屏障。

下面还是以换灯泡为例，来说明安全工作分析的过程，如图7-2所示。

工作步骤	危害因素	危害后果	风险评价	控制措施
① 断电 ② 搬梯子 ③ 打开梯子 ④ 登梯子 ⑤ 卸灯泡 ⑥ 换灯泡 ⑦ 下梯子	① 搬起梯子方式不正确 ② 搬运过程中梯子滑落 ③ 没有避让他人	① 扭伤 ② 砸伤 ③ 碰伤他人	可能性：4 危险性：3 风险值：12	① 对搬梯子人员进行搬运培训 ② 搬运过程中控制速度 ③ 遇到他人提前提示

图 7-2　安全工作分析：换灯泡为例

如上图所示，只对搬梯子这一环节进行了危害因素分析。

上面是比较专业的安全工作分析，有一定的技术含量，不利于普及推广，简化工作分析表后，全体员工都可以拿来对自己所做的工作进行分析。

员工们借助安全工作分析表逐条、逐项地思考风险，提出应对措施，这样做有两方面好处：一是集中全体员工的智慧，发现风险、控制风险；二是对员工也是很好的安全教育。很多安全事故都是因为操作人员没有强烈意识到风险，在麻痹大意中误操作产生的。

基层一线应大量采用安全工作分析方式推动企业安全工作的开展。经过大量企业实践证明，这确实是一个调动员工参与积极性的好方式。

表格的设计可以根据自己企业的特点进行变化，但能简化的一定要简化，以适应基层员工的认知和需求，简化后的安全工作分析表如表 7-2 所示。

表7-2　简化后的安全工作分析表

工作名称＿＿＿＿＿＿	使用设备或工具＿＿＿＿＿＿	
工作地点＿＿＿＿＿＿	使用的材料物料＿＿＿＿＿＿	
作业人员＿＿＿＿＿＿	个人防护用具＿＿＿＿＿＿	
＿＿＿＿＿＿	＿＿＿＿＿＿	
工作步骤	**潜在危害**	**安全工作方法、措施**

上面的安全分析表简化了很多，只有三栏：一是工作步骤，二是潜在危害，三是安全的工作措施。因为简单，所以员工才容易上手，这项工作才容易开展。这张表简化后实际就是一张小卡片，在很多企业安全管理实践中，一线员工还给它取了一个形象的名字，叫作"风险预控卡"。

下面是零事故安全管理团队咨询业务中的一个案例，这个案例中的核心就是"风险预控卡"的应用和推广。

某煤矿属于安全隐患突出的矿井，井下水、火、瓦斯、煤尘、顶板、地压"六毒"俱全，生产环节多，安全管理难度大。

咨询团队介入后发现，在安全管理上该矿有如下两项突出问题：第一，安全管理理念相对滞后，缺乏系统的管理理念和方法，安全周期相对较短。事故时有发生，常常是"按下葫芦起了瓢"。第二，一线职工对安全管理认识不到位，对安全管理工作的开展有惰性、甚至有抵触情绪！

　　咨询团队结合该矿实际，经过小组会议讨论后决定配合企业通过在一线推行风险预控卡（**岗位安全工作分析**）活动（见表7-3），来带动该矿整体安全管理的提升（**后续跟进其他措施、方法**）。

表7-3　某煤矿铺采煤面金属顶网风险预控卡

编号：

岗位名称	采煤工				
作业程序及其危险源	作业程序	危险源	风险类型	风险及其后果描述	风险等级
	① 挂网	未按要求挂网	人	导致顶网之间分布不均，产生空隙，可能发生漏顶事故	★★★
	② 穿上联网铁丝	未按规定穿上联网铁丝	人	导致部分没有连上，产生空隙，可能发生漏顶事故	★★★
	③ 连紧拧牢	没有连紧拧牢	人	连接强度不够，顶压增大时联网铁丝脱扣，可能发生漏顶事故	★★★
		站立位置不正确	人	可能被运行的刮板机刮倒，发生人身伤害事故	★★★★

　　当咨询团队着手推行风险预控卡时，面临很大的阻力，表现在如下几个方面。

　　（1）认识不到位。

　　相当一部分员工认为井下现场安全管理靠经验和眼力就可以实现，根本不需要新的安全管理手段、工具。他们没有认识到风险预控是对现场作业风险的系统梳理。

（2）员工积极性不高。

井下环境条件差、劳动强度大、体力消耗多，员工上井后只想娱乐和休息，不想进行风险预控学习，甚至有强烈的抵触情绪。

（3）学用"两张皮"。

即使有部分员工学习了风险预控卡的内容，到作业现场也不会去认真确认，更不会主动结合实际活学活用，存在着严重的学用"两张皮"的现象。

因此，咨询团队采取了一系列有针对性的措施：搭平台、摆擂台、建舞台、严考核等。

具体做法如下。

（1）搭平台：每一个区队按照矿里的统一部署，要求每一个员工结合自己的岗位填写统一格式的岗位风险管理卡。这项工作过去也安排过，但都是雷声大雨点小，没有真抓实干，这一次完全不一样，有布置、有辅导、有督导。矿上还制定了风险预控管理办法，从制度上保证风险预控管理在班组的推行。

（2）摆擂台：各区队以多种形式组织员工学习风险预控管理知识。例如综采三区就利用班前、班后、安全例会开展各种活动，举办风险预控擂台赛来促进员工学习风险预控。

（3）建舞台：推行班组看板管理，各个区队以风险预控管理为切入点，按照全员、全方位、全过程参与的要求引导各班组结合自己实际情况设置班组看板，通过风险预控龙虎榜和风险预控亮相台形成"比、学、赶、帮、超"的良性互动局面，对那些后进的员工形成一定的压力和推动力。

（4）严考核：总有极个别的员工总是不为所动，我行我素。对于这样的员工，只有采用考核的方式去推动，严格按照已制定的规则，奖罚分明，奖罚规定一定要提前公布，做到人人皆知。

通过以上这些举措，该矿风险预控管理方法得以在一线有效推广，进而带动安全管理整体局面持续好转！只有大家都积极投入到这一事关安全全局的活动中来，才能真正实现企业安全管理上的长治久安，以及员工家庭的幸福和睦！

三、会分享、能反思、常反馈
——做一个活力四射好员工

　　企业安全管理要以层层追责的"压力管理"变为主动自发的"动力管理"。压力管理常常使用的方式为：抽查、评级、批评、考核、奖惩，这是由外而内、由上至下的强压推动。这样做的结果是员工在压力下服从安全管理，容易产生消极抵触的情绪。

　　而动力管理是想方设法采用一些可行的方式，培养、激发员工自愿、自动、自发参与安全管理的意愿，增强员工做好安全工作的信念、信心。

　　在零事故安全管理中，每一个员工都要成为一个主动作为、自觉践行的活力员工。活力四射型员工有三个典型特征：会分享、能反思、常反馈。

　　（1）会分享：零事故安全管理特别强调和提倡团队协作保安全，员工之间的分享在安全管理推进过程中是很有必要的，这样做能够促使员工之间互相启发、共同提高。员工之间可以利用班前、班后会，安全会，碰头会等形式，把关于安全的小思路、小想法、小案例等分享出来，然后议论、分析、总结，长此以往，安全意识和技能就会在不知不觉间得到显著提升。

（2）能反思：每一个员工既要"低头拉车"又要"抬头看路"，在前行的途中要不时地停下匆忙的脚步，总结一下自己。在安全管理上更是如此，员工要时常总结前一阶段安全工作中的成绩和亮点、存在的不足及产生不足的原因，以及未来改进的方向。这才是一个员工在安全管理上逐渐走向成熟的标志。

（3）常反馈：员工应在反思的基础上提出一些安全管理上需调整、改进的意见和建议。人们常说衡量一个企业员工与企业同心协力、同心同德的程度，就看员工对企业是否踊跃献言献策、提合理化建议，以及所提意见和建议的质量和数量。不断就安全管理反馈的员工对安全管理很上心，是一名心智成熟、充满活力的员工。

当这一状态成为绝大部分员工的常态以后，安全管理就从由外到内、从上到下的"强推"变为由内向外、从下往上的"驱动"。

当安全管理从"强推动"转变为"自驱动"时，过去安全管理中员工与员工之间、员工与管理人员之间常有的敷衍、搪塞、对立、指责、抱怨可能就会烟消云散，人人讲安全、时时做安全、处处是安全的局面就初步形成了。

通过本章的学习我收获了以下几点。

1. _____

_____

2. _____

_____

3. _____

_____

4. _____

_____

经过对比，我们企业、班组、岗位目前安全工作中还存在以下几点不足。

1. _____

_____

2. _____

_____

3. _____

_____

在现有条件下，我们立即能做好的是以下几点。

1. _____

_____

2. _____

_____

零事故不是日本企业的"专利"

零事故安全管理的核心思想非常简单，就是只要立足于对风险高效、超前的预防，所有事故都可以避免。

早在东汉时期，政论家荀悦就说过这样几句话："进忠有三术：一曰防，二曰救，三曰戒。先其未然谓之防，发而止之谓之救，行而责之谓之戒。防为上，救次之，戒为下。"

为了避免有缺失和失败，荀悦推荐给人们三种解决问题的办法：第一种是在事情还没有发生之前就预先设置警戒，防患于未然，这叫预防，为上策；第二种是在事情或者预兆刚刚出现时就立即采取有效措施加以制止，防微杜渐，以防止事态逐渐扩大，这叫补救，次之；第三种是在事情发生以后再进行处罚与教育，这叫惩戒，为下策。

荀悦认为，预防是上策，而补救为中策，惩戒是下策。提倡预防，强调防患于未然，这不就是零事故的核心理念吗？

零事故如此，精细化管理亦如此。

我们要一丝不苟地做好安全工作中的点点滴滴，零事故就一定不是遥不可及的事情。

感谢企业管理出版社使本书顺利出版。

精品课程 ◆ 咨询项目

>>> 精品课程

1 《零事故》——向日本企业学习安全管理的精髓

2 《零事故安全管理能力精进工作坊》

3 《零事故活动法》——以活动促员工行动

4 《人对了，世界就对了》——员工安全意识与技能提升训练

5 《企业安全流程化管理》——零疏漏才能确保零事故

6 《企业安全标准化管理》
——确保安全目标转化成员工的每一个作业动作

7 《企业安全制度化管理》——无规矩不成"安全"

8 《企业安全管理改善》——不断改善，日臻"安全"

9 《怎样才能做好安全检查》——管理零失误，安全零事故

联系方式：010-68487630
王老师：13466691261（同微信）
刘老师：15300232046（同微信）

01 6S管理落地执行服务

1. 通过6S管理打下零事故安全管理的基础
2. 6S管理在企业落地执行推进服务
3. 6S管理持续精进机制构建服务

02 零事故安全管理体系构建服务

1. 员工安全素养与技能提升体系
2. 企业安全作业制度体系构建
3. 企业现场规范作业体系构建

03 应急管理能力评估及日常运行机制构建服务

1. 企业应急管理能力体系构建
2. 企业应急管理能力评估服务
3. 企业应急管理日常运行机制构建

**欢迎志同道合者一起携手，
为中国企业持久保持零事故安全局面而努力！**

传播管理智慧，助力企业腾飞

中企联播 · 名师讲堂

中企联播·名师讲堂是由《企业管理》杂志、《企业家》杂志与中国管理科学学会企业管理专委会共同举办的直播讲座平台，每周1—2场，每场1.5小时左右。

平台延请业界名师，为企业管理者们提供前沿新科技、经营新思维、管理新技术的精彩讲座，旨在帮助企业家、企业管理者不断提升自身能力，适应快速变化的经济发展与企业经营环境，解决企业经营管理中的困惑与难题。

部分讲座课程

汪中求 | 精细化管理系列讲座

刘承元 | 精益管理系列讲座

丁晖、顾立民 | 管理改进系列讲座

谭长春 | 华为管理系列讲座

翟杰 | 演讲口才系列讲座

祖林 | 专精特新系列讲座

刘秉君 |《思维决定成败》系列讲座